Journalistische Praxis

Herausgeber der Reihe:
Walther von La Roche und Gabriele Hooffacker

W0074586

Gewidmet dem Johann Gensfleisch
aus und daher genannt Gutenberg,
ohne den das Denken und Wissen
zumindest der westlichen Welt
gewiss ziemlich anders verlaufen wäre.

Michael Meissner

Zeitungsgestaltung

Typografie, Satz und Druck,
Layout und Umbruch

3., aktualisierte Auflage

Mit einem Beitrag von Christoph Nitz

Econ

Econ ist ein Verlag der Ullstein Buchverlage GmbH

ISBN: 978-3-430-20032-5

© Ullstein Buchverlage GmbH, Berlin 2007
Alle Rechte vorbehalten.

Lektorat: Gabriele Hooffacker
Umschlaggestaltung: Jorge Schmidt, München
Gestaltung und Satz: Michael Meissner
Autorenfoto: privat
Die, z.T. bearbeiteten, Darstellungen auf den Seiten 56, 59 und 102
wurden der »Modernen Satzherstellung« von Dußler/Kollings,
die Übersicht auf den Seiten 40/41 »Bruckmann's Handbuch
der Drucktechnik«, die Fotos mit freundlicher Genehmigung
der Rechteinhaber übernommen.
Druck und Bindung: Clausen & Bosse, Leck

Inhaltsverzeichnis

Vorwort zur 3. Auflage

Da hat man sich geplagt, hat gründlich recherchiert, zuletzt jedes Wort gedreht und gewendet – doch kaum jemand liest den tollen Beitrag im Blatt. Man selbst hat ihn auch erst beim zweiten Durchblättern in der Zeitung gefunden. In einer Ecke versteckt, gedrängt zwischen Kirchen- und Vereinsnachrichten.

Die schönste Zeitungsgeschichte verliert ihren Reiz, wenn sie schlecht gestaltet und an unpassender Stelle erscheint. Das wissen Journalisten, darunter leiden sie oft. Doch auch das gibt es: Eine schlampig recherchierte und umständlich formulierte Geschichte wird zum Gesprächsthema vieler Leser. Und nur deswegen, weil sie ihnen sofort ins Auge gefallen ist.

Das Geheimnis liegt in einer geschickten Seitengestaltung, die den Leser durch den Stoff führt und Akzente setzt. Mit diesem Buch versuche ich, die Techniken und Verfahren zur Herstellung einer Zeitung sowie die sich zum Teil daraus ergebenden Grundlagen der Gestaltung, und natürlich diese selbst, zu erläutern.

Ein Pressejournalist sollte ausreichende Kenntnisse von Typografie, Satz und Druck besitzen, weil diese, nebst der Technik, dem Redakteur die Möglichkeiten und Grenzen der Produktgestaltung setzen und beide ihm das Wie und das Warum beim Einspiegeln, Codieren, Layouten vorgeben.

Die Arbeit an – und mit – diesem Buch ist mit einigen Problemen verbunden. Etwa mit dem, dass aufgrund der technischen Entwicklung im Zeitraum zwischen der Abfassung des Manuskriptes und der Lektüre durch den Leser ein System vielleicht radikal verändert oder gar durch ein neueres ersetzt wurde. Dies relativiert sich jedoch durch einen weiteren Aspekt: Wegen der Vielfalt an Systemen, Geräte-Konfigurationen, Traditionen und Ablaufmustern bei Herstellern wie vor allem Nutzern konnte ich bei meinen Darstellungen und Beispielen oft nur die Ebene einer vernünftigen Allgemeingültigkeit, also den kleinsten – oder gar größten? – gemeinsamen Nenner wählen. Und schließlich soll die zumindest auf typografischem Feld noch bestehende Vielfalt der bundesdeutschen Presselandschaft nicht in Frage gestellt werden.

Entstanden ist das Buch mit den Erfahrungen aus meinen vieljährigen Lehrveranstaltungen und Kursen. Hieraus ergaben sich drei Vorteile:
– Die nötige Bandbreite von Wissen und Kenntnis konnte ermittelt werden; also die Antwort auf die Frage:»Was muss ein (angehender) Journalist wissen?«
– Die nötige Kenntnistiefe konnte ausgelotet werden; das beantwortet die Frage»Wieviel davon muss er wissen?«.
– Präsentation und Abfolge der Kapitel konnten nach einem recht bewährten System aufgebaut werden.
Dieses Buch stellte für mich auch insofern eine Herausforderung dar, als ich es selbständig auf einer Desktop-Publishing-Anlage gesetzt, gestaltet und illustriert habe.

Die zunächst scheinbare Überbetonung alter Produktionstechniken wie Bleisatz oder Buchdruck, die bei unseren Zeitungen und Zeitschriften längst ausgestorben sind, hat ihren Grund: Völlig versteht man eine Sache erst, wenn sie sich verändert. Gerade für den Anfänger und/oder den Außenstehenden ist somit am besten nachzuvollziehen, welches die Bedingungen, Abläufe und Gesetzmäßigkeiten im typografischen Metier sind. Und auch, wo die handwerklichen und ästhetischen Ansprüche der »Schwarzen Kunst« ihren Ursprung haben, die im Zuge der neuen Techniken vielfach verschüttet zu werden drohen. Bei aller Faszination und Vereinfachung, die die Technik mit sich bringen mag, sollte bedacht werden, was ein Fachmann so ausdrückte: »Wer immer noch glaubt, dass die Technik einmal in der Lage sein wird, die typografische Gestaltung zu übernehmen, begreift nicht die Ohnmacht der Werkzeuge und die Allmacht des geschulten Bedieners. Typografie wird von Menschen mit Werkzeugen und nicht von Werkzeugen mit Menschen gemacht!«

Seit Erscheinen der letzten Auflage dieses Bandes hat es in der Produktion der periodischen Presse einschneidendere Veränderungen gegeben als in dem gesamten Jahrhundert zuvor. Der »workflow«, wie es jetzt neudeutsch heißt, wird nun vollständig von der Elektronik bestimmt: Texterstellung, Seitengestaltung, Bildbearbeitung, Druckvorstufe, Belichtung – ohne den Monitor und die dahinter liegende Technik heute (fast) unvorstellbar.

Desktop-Publishing etwa ist auch für den journalistischen oder typografischen Laien (oftmals angesichts der daraus entstehenden Produkte: leider) kein Geheimnis mehr. Und der »Pixelkrieg« der Hersteller von Digitalkameras in den Jahren 2004–2005 wurde vor allem um die Hobbyfotografen geführt, die mit immer höher auflösenden Kameras (und damit nicht unbedingt besseren Bildergebnissen) umworben wurden.

Geblieben sind dennoch etliche Regeln und Standards der Typografie und des Layouts. Sie werden allerdings in den Zeitungsredaktionen nicht immer beachtet oder gewürdigt – sei es wegen der Hektik und des Produktionsstresses, sei es, weil diese Aspekte in der Journalistenausbildung nicht immer ihrer Bedeutung entsprechend berücksichtigt werden. Eventuellen Lücken will dieser Band vorbeugen.

Als Referenz an das Internet gibt es dort Ergänzungen und Vertiefungen zu diesem Band, auf die an den geeigneten Stellen mit dem Symbol 🖥 verwiesen wird: *www. journalistische-praxis.de*

So gut wie alle Kapitel wurden überarbeitet und aufgefrischt, die Ausführungen zu den Satz- und Drucktechniken wie -verfahren, insbesondere den »überkommenen«, auf das hier zum Verständnis Notwendige gestrafft. Es wurde nicht völlig auf sie

verzichtet, denn wer die gegossene Letter nicht nur als Mitbring-
sel vom Flohmarkt kennt, der weiß auch, was Durchschuss ist,
was der Zeilenabstand soll und warum in der Textverarbeitung
markierte Passagen schwarz und derart unterlegt sind, wie sie
es sind: Hier lässt noch stets der »olle Gutenberg« grüßen.

Leser, die sich vielleicht darüber wundern, dass einige Literatur-
angaben und Hinweise nicht dem Stand des Manuskriptab-
schlusses entsprechen, mögen bitte zweierlei bedenken:
Es ist dies hier, zum einen, eine Darstellung der Grundsätze und
Standards, die nun einmal den Tag überdauern. Und zum anderen, dass neu und aktuell nicht notwendig gleichbedeutend
ist mit gut oder gar besser, und Geschmack, Zeitgeist sowie
»Ansagen« in wenigen Jahren überkommen und daher nicht
immer der Erwähnung wert sind. Ferner bietet das Internet die
Möglichkeit, auf der Webseite zu diesem Band gegebenenfalls
Aktualisierungen vorzunehmen.

Zudem möchte ich den geneigten Leser auf das englisch-
deutsche/deutsch-englische Glossar im Anhang aufmerksam
machen, das nicht nur versucht, bei den vielfach schlecht oder
gar nicht »lokalisierten« (sprich: übersetzten) Layout- und Gra-
fikprogrammen zumeist aus den USA Hilfestellung zu geben,
sondern das auch als deutsches Fachlexikon dienen kann.

Abschließend will ich dem Kollegen Christoph Nitz (Berlin) dafür
danken, einen Beitrag zum Stand der Dinge aus seiner Wahrnehmung und täglichen Praxis beigesteuert zu haben.

Den Rezensenten möchte ich die zauberhafteste Kritik nahelegen, die ich zu einem Fachbuch gelesen habe:»Das Beste an
diesem Buch ist die Tatsache, dass es keinen Platz im Regal
beansprucht, weil es ständig auf dem Schreibtisch liegt.« Oder
zumindest so ähnlich.

Berlin, im Juni 2007   Dr. Michael Meissner

Vom Ereignis zur Rotation

Goodbye, Gutenberg

Über 500 Jahre hat die Druckindustrie mit Verfahren gearbeitet, die auf Gutenbergs Arbeiten zurückgehen. Druck- und vor allem Satztechniken sind im Vergleich zur Technik in anderen Produktionsbereichen lange Zeit nahezu unverändert geblieben. Die in den 70er des letzten Jahrhunderts in die Verlage, Redaktionen und Druckereien einziehende »Neue Technik« stellte einen revolutionären Eingriff dar. Sie war eine Angleichung an die technischen Standards unserer computer- und elektronikgesteuerten Arbeitswelt. Eine Angleichung jedoch, die nicht, wie anderwärts, schrittweise und mehr oder minder behutsam, für die mit ihnen arbeitenden Menschen nachvollziehbar und miterlebbar vor sich ging, sondern von einem Tag auf den anderen.

Wie die Dampfmaschine zugleich Bedingung und Energiequelle war für die industrielle Revolution, so sorgte eine ausgereifte EDV-Technik dafür, dass man sich in der Druckindustrie, und somit auch in den Zeitungs- und Zeitschriftenverlagen, von Gutenbergs Prinzipien löste. Dabei sind Dampfmaschine wie EDV keine Zufälle, keine Eingebungen ingeniöser Tüftler (so begnadet die grundlegenden Einfälle der Erfinder auch sein mögen), sondern konsequente Antworten auf die ökonomischen Erfordernisse ihrer Zeit: So ist die Schöpfung von Energie und Produktionskraft aus Maschinen zur Überwindung der Manufaktur und zur Befriedigung wachsender Märkte ebenso nötig gewesen wie Datenverarbeitung und Computer zur Bewältigung des ins unermessliche wachsenden Datenanfalls und zur rationellen Steuerung repetitiver (d.h. gleichförmiger, sich wiederholender) Vorgänge.

Auch die Arbeit des Johann Gensfleisch aus Gutenberg ist, ohne seine Leistung schmälern zu wollen, nicht zufälliges Ergebnis des Erfindergeistes, sondern vor allem Frucht eines Auftrages: Um die Wende des 14. zum 15. Jahrhundert war der Bedarf an Geschriebenem derart gewachsen, dass die hierbei einzig bekannte Produktionsart, nämlich die handschriftliche Herstellung eines Textes, den wachsenden Anforderungen nicht mehr genügte. Dabei ging es nicht allein um »Literatur« (im wesentlichen die Bibel und andere religiöse und erbauliche Schriften), sondern in zunehmendem Maße um »Kommunikation«: Die Städte wuchsen, der Handel weitete sich in Qualität, Warenmenge und geografischer Reichweite aus; das Geistesleben verweltlichte sich, weg von der Religion und hin zu Philosophie, Wissenschaft, Kunst und Politik – dies alles erforderte Information, Dokumentation, Austausch auf der Basis des geschriebenen Wortes; und zwar schneller und auflagenstärker als bislang. Die mönchischen Schreibstuben und die Sekretariate der Handelshäuser waren an die Grenzen ihrer Kapazitäten gelangt.

Im Auftrag des Bischofs von Mainz machte sich der Goldschmied und Feinmechaniker Gutenberg an die Arbeit. Die Kirche hatte nicht nur ein Quasi-Monopol auf Textproduktion, sondern auch die nötige Finanzkraft. Wie aufwendig die Erfindung war, mag man daran ermessen, dass er mehr als zwei Jahrzehnte bis zu ihrer vorläufigen Perfektionierung beschäftigt war; wie teuer, daran, dass er mehr als das – mit unseren Worten – Bruttosozialprodukt eines Jahres des Erzbistums Mainz verbrauchte. ⌨

Das Ergebnis war ebenso simpel wie genial: eine Kombination des bereits vom Holzschnitt bekannten Hochdrucks (bei dem erhabene Flächen im Druck wiedergegeben werden) mit der Verwendung einzelner Lettern. Der Vorteil: Die Lettern können, da jede den Informationswert eines Buchstabens/Lautes trägt, in jeweils gewünschter Anordnung gesetzt, das Gesetzte in gewünschter Zahl vervielfältigt, anschließend demontiert und abgelegt sowie erneut in gleicher Weise verwendet werden. Insofern stellt Gutenbergs Entwicklung, weit vor dem Auftauchen der Dampfmaschine oder gar der Fabriken, die erste industrielle – und auch kapitalistische – Produktionsform dar.

Gutenbergs Buchdruckerfindung war von Anfang an ziemlich perfekt, mit wenig Energieaufwand wurde ein großer Erfolg erzielt. Weil das System so effektiv war, hat es wohl auch mehrere Jahrhunderte nahezu unverändert überdauert. Waren die Buchstaben, die zunächst aus Holz geschnitzt wurden, erst einmal gefertigt, mussten nur Farbe und ein Druckträger (etwa Papier) hinzugegeben werden.

Spätere Erfindungen rührten nicht an Gutenbergs Prinzip, sie waren immer nur Ergänzungen und Verfeinerungen der alten Methode. So förderte die Zylinder-Flachform-Presse von König 1814 einen schnelleren Druck, die Rotationsdruckmaschine ermöglichte ab 1860 Druck in höheren Auflagen, die Linotype-Setzmaschine von Mergenthaler sorgte von 1884 an für schnelleren Satz. Für diese Erfindungen wurde zwar mehr Energie als bisher gebraucht, doch die Apparaturen waren nach wie vor relativ abnutzungsfrei, und das Prinzip der Wiederverwertung blieb erhalten: Das Satz- und Druckmaterial konnte eingeschmolzen und erneut verwendet werden.

Hochdruck und Bleisatz waren perfekt, zumindest nicht einschneidend verbesserbar. Und solange man mit der alten Methode auskam, solange sie das Geschäft nicht behinderte, musste auch nichts Neues erfunden werden. Für die Einführung und Etablierung der Massenpresse genügte das alte Druck- und Satzsystem. Die allgemeine Lesekundigkeit als Folge der Schulpflicht ließ neue Pressemärkte entstehen: Neben der sogenannten Generalanzeigerpresse und der Partei- und Gesinnungspresse waren dies vor allem die durch Arbeitsteilung und Spezialisierung in der Produktion nötig gewordene Fachpresse sowie die Unterhaltungs- und die Regenbogenpresse.

Zwei Erscheinungen der – modernen – Presseproduktion jedoch war das Gutenbergsche System nicht mehr gewachsen:

zum einen der an Quantität und Übertragungsgeschwindigkeit ständig wachsenden Informationsflut; zum anderen der Aufhebung der mehrstufigen Produktion, Übermittlung und Reproduktion immer desselben Textmaterials, also die Kette Korrespondent–Büro–Agentur–Redaktion–Satz–Druck.

Hier drängte sich eine Rationalisierung der Textübermittlung und Textbearbeitung und der Druckformherstellung auf. Die Vorgaben erfolgten auf der produktionstechnischen Seite: mit der Chemigrafie und ihrer Verfeinerung; der Übertragung von Fotografien; dem Offsetdruck; dem zunächst manuellen, dann datenträger- bis rechnergesteuerten Fotosatz; schließlich mit dem vollelektronischen Licht-/Digitalsatz bis hin zum Ganzseitenumbruch am Bildschirm und der Plattenbelichtung.

Parallel dazu wurde die EDV entwickelt, zunächst vorrangig für Rechenoperationen (namentlich auch im militärischen Bereich), dann für die allgemeine Textverarbeitung und die Verwaltung. Das hat die Arbeit nicht nur auf der redaktionell-textlichen Seite vollständig verändert.

Mit der alfanumerischen EDV (Zahlen und Buchstaben) wurde auch die Textbearbeitung und -übertragung automatisiert. Texte werden »on-line« von Station zu Station transportiert und dort bearbeitet, ohne dass sie jeweils auf Papier übertragen werden müssen. Über den internen Rechner eines Zeitungshauses kann die Redaktion Texte elektronisch eingeben, bearbeiten sowie archivieren. Die Technikabteilung des Hauses produziert die Zeitung ebenfalls »on-line«. Und die Verwaltung des Verlages kann die Arbeit »on-line« überwachen.

Texte werden in den Computer eingegeben, über Computer bearbeitet, die Produktion wird durch Computer gesteuert und läuft selbst über Computer. In wenigen Jahren haben hier die gedruckten Medien gegenüber anderen Industriesektoren hinsichtlich Rationalisierung und Produktionsvereinfachung nachgezogen. Von Gutenbergs Technik blieb nur noch das bedruckte Papier.

Produktionsabläufe im Überblick

Drei Varianten des Produktionsablaufes – hier am Beispiel einer Tageszeitung – veranschaulichen den wachsenden Rationalisierungseffekt in der Satz- und Drucktechnik: Zuerst stelle ich die Alte Technik dar, dann den Ablauf mit Fotosatz und schließlich den Licht- bzw. Digitalsatz, ergänzt um eine Erläuterung der Bildschirmarbeit. Man spart heute im Gegensatz zur Alten Technik Material, die Mehrzahl der verwendeten Materialien kann aber nicht mehr wiederverwendet werden. Betriebsinternes Recycling ist weitgehend ausgeschlossen.

Mancher Leser mag sich vielleicht bei den folgenden Übersichten dadurch irritiert fühlen, dass zahlreiche ihm unbekannte Begriffe und Fachausdrücke auftreten, die ihm zunächst nichts sagen. Die Übersichten sollen jedoch nur eine zusammengefasste Gesamtschau geben. Die Begriffe werden in den nachfolgenden Kapiteln ausführlicher dargestellt und erläutert. Wer auf diese Abschnitte nicht warten will, sei auf das Register und das Glossar verwiesen.

Alte Technik

Der Redakteur bearbeitete nach der Maßgabe der Redaktions- oder Ressortkonferenz und dem vorliegenden *Seitenspiegel* ein Thema oder Ereignis. Hierzu lag ihm, sofern es nicht um einen Eigenbeitrag dieses Journalisten ging, im Regelfalle Textmaterial bereits vor. Es konnte dies das Manuskript eines (freien) Mitarbeiters sein, eine Presseinformation oder die Meldung einer Nachrichtenagentur. Handelte es sich um einen Agenturtext, hatte dieser meist schon mehrere Stufen der Materialisierung, Bearbeitung und Durchgabe in der Kette Erstfassung–Regionalbüro–Landesbüro–Zentralbüro durchlaufen.

Der Redakteur sichtete das Material, bearbeitete es sprachlich und inhaltlich, brachte es auf die vorgesehene Länge und zeichnet es für den Satz aus.

17

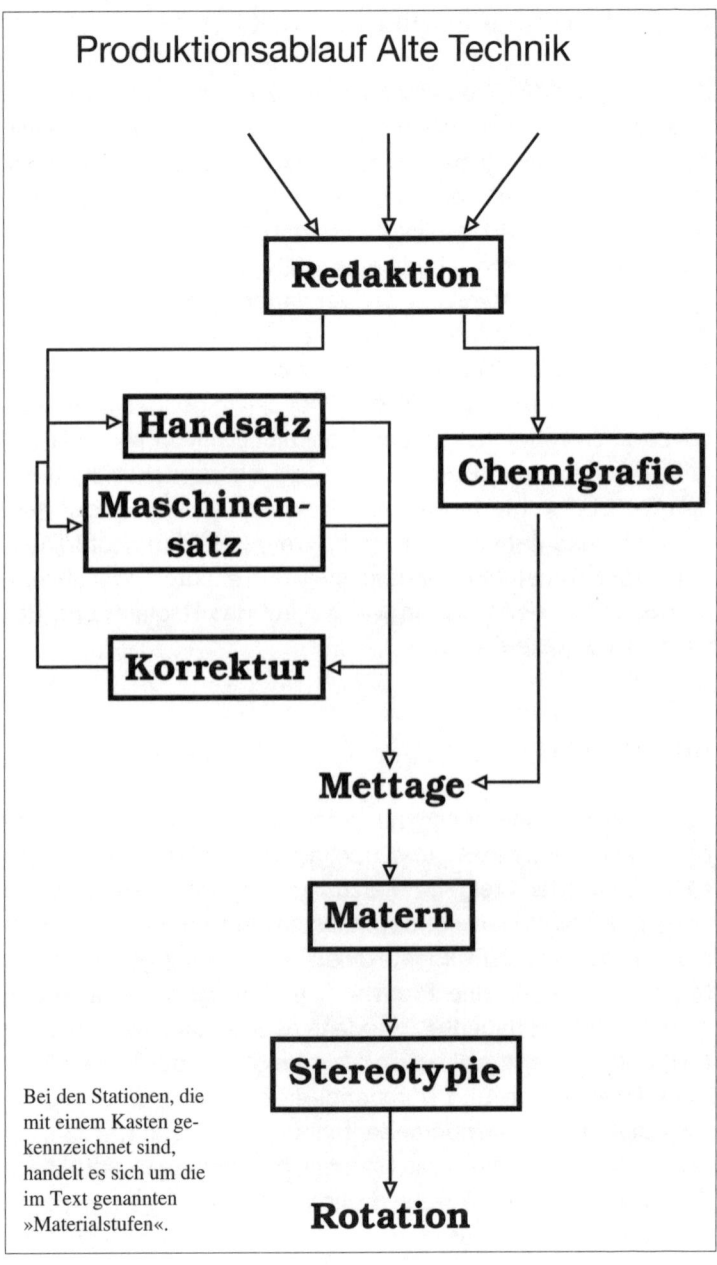

Produktionsablauf Alte Technik

Redaktion

Handsatz

Maschinen-
satz

Chemigrafie

Korrektur

Mettage

Matern

Stereotypie

Bei den Stationen, die mit einem Kasten gekennzeichnet sind, handelt es sich um die im Text genannten »Materialstufen«.

Rotation

In vielen Fällen konnte es ausreichen, im vorliegenden Text Streichungen, Ergänzungen oder Korrekturen anzubringen und gegebenenfalls mit den berühmten Hilfsmitteln Schere und Leim dieses Manuskript satzfertig zu machen. In anderen Fällen war das Material zu umfangreich oder über mehrere Quellen verteilt. Hier musste ein neues Manuskript für den Satz erstellt, also erneut materialisiert werden. Schließlich wanderte das Manuskript mit einem Überschriftenzettel in die Setzerei.

Die Mettage: Der *Mengensatz* wurde maschinell erstellt *(Fließtext)*, besondere Textteile mit größerem Schriftgrad *(Überschriften,* Unterzeilen, Zwischentitel u.ä.) sowie *Formsatz* kamen vom *Handsatz* (bzw. von der *Monotype).* In der nächsten Station, der *Mettage,* liefen alle jeweils für eine Zeitungsseite vorgesehenen Text- und sonstigen Elemente am Arbeitsplatz eines Metteurs zusammen. Hier trafen aus der *Chemigrafie* auch die Klischees/ Autotypien, Gravuren u.ä. für Illustrationen, Fotos, gestaltete Anzeigen usf. ein. Nach Vorlage des in der Redaktion erarbeiteten *Layoutbogens/Seitenspiegels* wurden die Elemente der Seite im *Schließrahmen* eingestellt (»umbrochen«), nachdem sie zuvor »Korrektur gelesen« waren: Ein Exemplar der jeweiligen *Korrekturfahne,* auch *Bürstenabzug* genannt, sichtete der Redakteur auf inhaltliche und sprachliche Fehler (stammt ein Fehler aus dem Satz, handelt es sich um einen *Setzfehler* und nicht um einen Druckfehler!). Ein weiterer Korrekturabzug wurde von einem Korrektor geprüft, der somit nicht nur sprachlich-inhaltlich gegenlas, sondern auch auf typografische Fehler achtete. Von der fertigen, »geschlossenen« Seite wurde noch ein Korrekturabzug gemacht. Hatte der dafür Verantwortliche sein *Imprimaturzeichen* gesetzt, war die Arbeit der Redaktion im Prinzip beendet.

Die Mater: Im folgenden Arbeitsgang wurde vom Schließrahmen eine *Mater* »geschlagen«: Mit hohem Druck und Wärme presste eine Maschine einen angefeuchteten Papp-Kunststoff-Karton auf den Schließrahmen. Durch diese Prägung übernahm die Mater die ehedem erhabenen und spiegelbildlichen Informationselemente, die nun seitenrichtig und vertieft lagen. Die Mater erfüllte zwei Aufgaben: Zum einen war sie wegen ihres geringen Gewichts bequem zu transportieren (wenn Satz- und Druckstätte räumlich auseinanderlagen oder mehrere Druckorte genutzt wurden), zum zweiten konnte nur mit ihr die für die Rotation benötigte Rundform hergestellt werden.

Als letzte Materialstufe (vom fertigen Produkt Zeitung abgesehen) wurde ein *Rundstereo* gegossen. Dazu wurde die nahezu halbkreisförmig gebogene Mater in der *Stereotypie* mit Blei ausgegossen: Auf dem hierdurch entstehenden Halbzylinder waren die Informationselemente wiederum erhaben und spiegelbildlich (und wurden dann seitenrichtig auf das Papier gedruckt). Abschließend wurden die Rundstereos der Zeitungsseiten in bestimmter Reihenfolge und Anordnung auf die Druckzylinder der *Rotationsmaschine* gesetzt. Bei hoher Auflage wurden wegen der druckbedingten Abnutzung der bleiernen Rundstereos jeweils mehrere pro Seite gegossen und ausgewechselt.

Bei diesem Ablauf vom Ereignis/Tatbestand bis zur fertigen Zeitung waren somit zahlreiche und zum Teil identische Sichtungs-, Übertragungs- und Materialstufen vonnöten: Manuskripte, Fernschreiberabrisse, Satzmaterial, Matern, Rundstereos, also viel Blei und Papier, Papier, Papier.

Basis Fotosatz

Die hier zu beschreibenden Produktionsabläufe stellten in der technischen Entwicklung eine Vorstufe zum Licht-oder Digitalsatz dar.
Beim Fotosatz arbeitete der Zeitungsredakteur bereits am Bildschirm. On-line übertragenes Material (wie das von Nachrichtenagenturen) oder dezentral in das System eingegebene sowie

eigenen Text konnte er auf seinen Bildschirm rufen und sichten. Er bearbeitete ihn nötigenfalls und leitete ihn dann, mit Arbeitsbefehlen versehen, on-line an den *Satzrechner* weiter. In der Redaktion konnte es nötig werden, einen Text zwischenzeitlich per Thermo- oder Schnelldrucker auszudrucken, wenn der Text zu unübersichtlich war oder aus verschiedenen Quellen bestand. Die Eingabe von Texten (mit Ausnahme der eigenen) war nach dem Tarifvertrag nicht Sache des Redakteurs, sondern einer grafischen Fachkraft.

Ähnlich wie in der Zeitungsredaktion wurde auch bei der Nachrichtenagentur das Material auf den verschiedenen Stufen am Bildschirm geschrieben, bearbeitet und on-line weitergegeben.

Im Satzrechner, der nächsten On-line-Stufe, wurde (und wird) der »endlos« eingegebene Text elektronisch für den Filmbelichter vorbereitet: Auf der Grundlage der vorgegebenen Kommandos (für Schriftart, -schnitt und -größe) wurde der Text auf die gewünschte Spaltenbreite und -zahl gebracht. Danach wurde der Text belichtet und entwickelt. Ergebnis war der auf Fotopapier (oder Film) vollständig gesetzte Artikel, komplett mit Überschrift, Unterzeile und Zwischentitel. Dies konnte, je nach Informationskette, unter Umständen die erste Materialstufe seit dem Ereignis sein.

Die nächste Station hieß Montage. Vergleichbar der Mettage beim Bleisatz, kamen hier die für eine Seite vorgesehenen Beiträge und Elemente zusammen und wurden, ebenfalls auf der Grundlage eines Layout-/Seitenspiegels, auf einen *Montagebogen* geklebt (»montiert«). Der belichtete Film wurde vorab korrekturgelesen, Korrekturen wurden am Bildschirm erledigt. Hier hatten viele Verlage bereits Personal eingespart: Die Arbeit des Korrektors erledigten der Monteur und/oder der mit ihm zusammen arbeitende Redakteur. Am *Lichttisch* der Montage trafen aus der *Reprografie* die gerasterten Fotos ein sowie besonders gestaltete Elemente (etwa »handbelichtete« Schriftzüge, vorab montiertes Material, Anzeigen u.ä.). Die fertig montier-

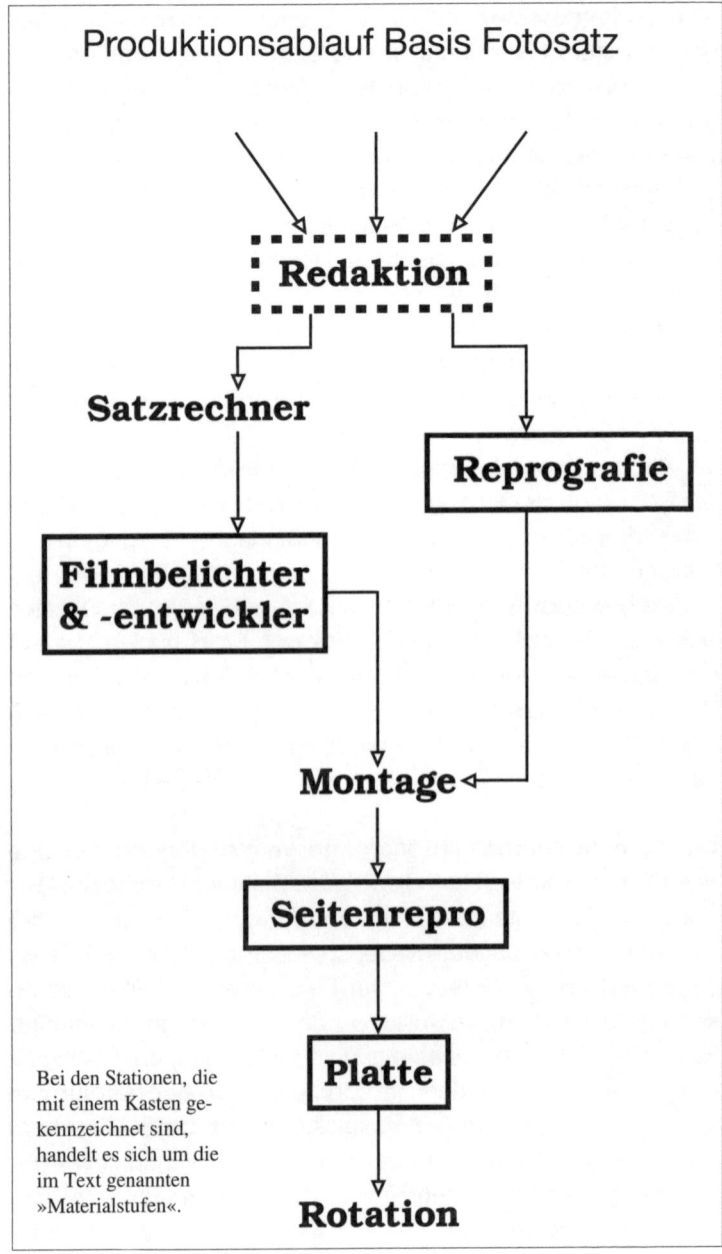

Produktionsablauf Basis Fotosatz

Redaktion

Satzrechner

Reprografie

Filmbelichter & -entwickler

Montage

Seitenrepro

Platte

Bei den Stationen, die mit einem Kasten gekennzeichnet sind, handelt es sich um die im Text genannten »Materialstufen«.

Rotation

te und freigegebene Seite wurde in einer *Repro-Kamera* fotografiert; gewonnen wurde in Originalgröße ein Ganzseiten- oder *Seitennegativ*.

Die belichtete Platte war/ist die abschließende Materialstufe (wieder von der fertigen Zeitung abgesehen) für den Offsetdruck: Eine beschichtete Aluminiumplatte wurde durch das Seitennegativ hindurch belichtet. Durch einen fotochemischen Prozess härtet sich die Schicht an den Stellen, an denen das Licht auftrifft, die übrigen Partien sind auswaschbar. Die fertigen Platten werden, den Rundstereos beim Hochdruck vergleichbar, auf die Zylinder der *Rotationsmaschine* gespannt. Da die Informationselemente hier beim Flach- oder Offsetdruck seitenrichtig auf den Platten liegen, werden sie beim Druck erst über die Zwischenstation eines Gummizylinders auf das Papier übertragen.

Gegenüber der Alten Technik ist bei diesem Verfahren ein erheblicher Rationalisierungseffekt zu verzeichnen: Personal wurde reduziert (etwa die Redaktionsboten und Korrektoren), und weniger Materialstufen sind erforderlich, im günstigsten Fall nur noch Film, Seitennegativ und Platte. Zudem wurde Zeit gewonnen, zumindest bei der Übertragung und dem »Wiederaufruf« des Textes. Jedoch sind auch Nachteile zu nennen: Das verbrauchte Material ist nicht nur nicht wiederverwendbar, sondern wegen seiner (foto-)chemischen Basis auch umweltbelastend sowie energieverzehrend.

Für die journalistische Arbeit erscheint ein Hinweis wesentlich: Je weniger korrigiert und redigiert wird, desto reibungsloser gelangt der Text on-line in die Zeitung. Aus systemimmanenten Gründen der On-line-Übertragung (Erhöhung der Umschlaggeschwindigkeit, Vermeidung des Bruchs der On-line-Kette) muss bereits die Ersteingabe möglichst den gesetzten Standards (Länge, Stil, Fehlerfreiheit) genügen, um nötige Eingriffe auf ein Minimum zu senken. Die Verantwortung wächst, aber gilt dies auch für die Sorgfalt?

Basis Licht-/Digitalsatz

Bei dieser Variante bereitet der Satzrechner den eingegebenen und mit Kommandos versehenen Text nicht zur Belichtung vor, sondern zur Darstellung (»Generierung«) auf einem Bildschirm, auf dem sich der Artikel in der gewünschten Form abrufen läßt – heutzutage »wie gesetzt«, d.h. in der vorgesehenen Schrift, Größe und Spaltenform. Hier können auch Änderungen/Korrekturen vorgenommen werden. Sodann wird dieser Beitrag auf einen *Ganzseitenbildschirm* »exportiert«, der die gesamte Zeitungsseite im Maßstab 1:1 oder in Verkleinerungsstufen repräsentiert. Auf der Grundlage des Layout-/Seitenspiegels wird jeder Artikel an der vorgesehenen Stelle positioniert. Auf diesem Bildschirm werden auch die Fotos/Illustrationen fixiert: Man braucht die Vorlagen nicht mehr in der Reprografie aufzurastern, sondern lässt sie von einem *Scanner* abtasten und in elektronische Signale umsetzen, oder man erhält sie direkt digital und baut sie ein.

Ist die Seite auf dem Ganzseitenbildschirm komplett und korrekt aufgebaut, kann sie zur *Plattenbelichtung* freigegeben werden. Dieselben elektronischen Signale, die zur Erzeugung der Seite auf dem Bildschirm dienten, sowie die vom Scanner gewonnenen Impulse steuern jetzt einen Laser- oder Kathodenstrahl, der eine beschichtete Platte abläuft (dem Vorgang in der Braunschen Röhre eines Fernsehgerätes vergleichbar) und sie »belichtet« *(»computer to plate«)*. Auch hier werden anschließend die nicht belichteten Partien chemisch ausgewaschen, so dass die Platte als Offset-Druckformträger auf die Rotationsmaschine gespannt werden kann.

Nur noch eine Materialstufe ist bei diesem Verfahren im technischen Bereich erforderlich, die Platte. Gewinn: Man spart Material und benötigt weniger Zeit für die Übertragung und Produktion. Verlust: weitere Arbeitsplätze. Die Gefahren, die in dieser Technik hinsichtlich Medienpolitik und Arbeitsmarkt ste-

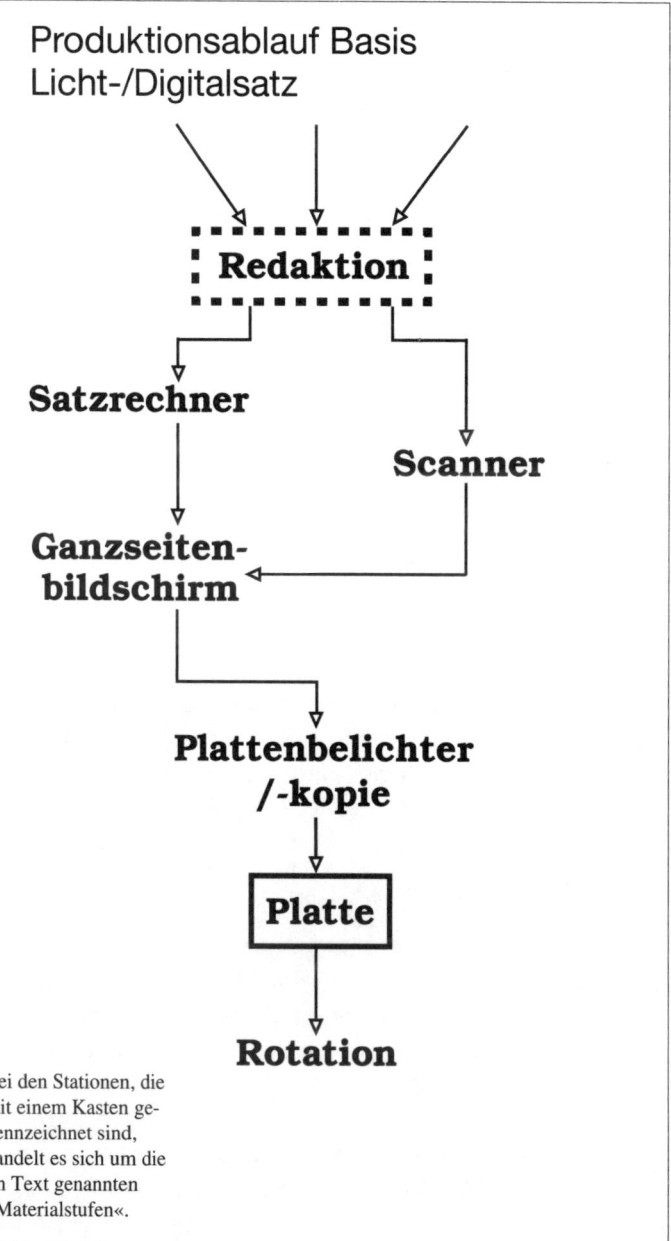

Produktionsablauf Basis Licht-/Digitalsatz

Redaktion

Satzrechner

Scanner

Ganzseiten-bildschirm

Plattenbelichter /-kopie

Platte

Rotation

Bei den Stationen, die mit einem Kasten gekennzeichnet sind, handelt es sich um die im Text genannten »Materialstufen«.

cken, sind augenfällig: Im Falle eines Arbeitskampfes etwa könnte bereits die on-line eingegebene (Erst-)Fassung einer Nachrichtenagentur nach wenigen Kontroll- und Steuerungseingriffen direkt »auf die Platte« gelangen. Hinzu kommt, dass sich auf dieser vollelektronischen Basis eine medienübergreifende Übertragung/Nutzung der redaktionellen Produkte, etwa im Internet oder auf Datenträgern wie CD und DVD, anbietet.

Das »digitale Design«

Für die Arbeitsabläufe in der Zeitungsredaktion gibt es kein »So-ja-und-nicht-anders«. Die Erstellung einer Seite mit dem »digitalen Design«, wie die Arbeit am und mit dem elektronischen Redaktionssystems auch genannt wird, ist abhängig von der verwendeten Technik und namentlich der Software. Aber auch von der personellen Stärke der Redaktion/der Ressorts: ist die Gestaltung »in festen Händen« oder eine rotierende Aufgabe und wie spezialisiert sind die Kollegen; ja, auch vom Ressort selber: Im Termin-Journalismus wie etwa Sport oder auch Kultur ist ein frühzeitiges Grundlayout eher möglich als im Ereignis-Journalismus (wie Politik, Lokales) oder dem von diesem z.T. abhängigen Begleit-Journalismus (bspw. kommentieren, interviewen, reportieren). Aber es sollte gelingen, die Grundsätze und Strukturen auf den kleinsten (oder größten?) gemeinsamen Nenner zu bringen.

Wenn der Anzeigenannahme-Schluss naht, stehen im Wesentlichen der Umfang des für die anstehende Ausgabe verkauften Anzeigenraumes und häufig auch die Standplätze der Inserate und Werbung fest. Aus dem Anzeigenvolumen ergibt sich im Regelfalle auch der Umfang des Blattes, denn es soll ja ein vertretbares Verhältnis zwischen redaktionellen und nichtredaktionellen Inhalten der Ausgabe erhalten bleiben (als Faustformel etwa 70:30). Somit können die Anzeigenabteilung, ggf. die Abteilung Layout und/oder der Chef vom Dienst/die Abteilung Produktion den Ressorts einen Überblick über Zahl und Anzeigenstände zu den ihnen zur Verfügung stehenden Seiten geben (auch *Anzeigenspiegel* genannt). Diese Übersicht kann im Layout-Modus (oft als Miniatur, neudeutsch *Thumbnail)* auf den Bildschirm gerufen werden und liegt in der Regel auch ausgedruckt vor.

Inzwischen hat die Ressortkonferenz stattgefunden, auf der neben der Blattkritik an der jüngsten Ausgabe eine thematische (Grob-)Planung und Aufgabenverteilung für das anstehende Produkt erfolgt. Die Seiten werden entweder mehr oder minder grob »aufgerissen«, das heißt skizzenartig gestaltet, oder sorgfältiger/genauer »gebaut«: Die Standplätze der wesentlichen Beiträge einer Seite werden festgelegt sowie die Standards (etwa die tägliche Glosse, die Lottozahlen, die Meldungsleiste o.ä.) eingetragen.

Sodann werden die einzelnen »Seiten« (tatsächlich bislang die noch zu füllenden Montage-Ebenen) auf den Monitor gerufen: Sie sind mit Angaben zum Ressort, zur Seitennummer *(Pagina),* zum Erscheinungstag und ggf. zur Ausgabe kodiert. Der Produktionsredakteur, Layouter oder wer immer im gegebenen Fall vor dem Bildschirm sitzt, sieht vor sich die Seitenstruktur mit Spalten, *Zwischenschlag,* Spaltenlinien, Zeilen- oder Schriftlinien, *Kustode,* eventuellen Seitenstandards wie Vignetten sowie die Anzeigen (diese bei gewerblichen und gestalteten z.T. schon in der Endform, z.T. nur als Platzhaltersymbole) und/oder Anzeigenstandräume (v.a. bei Rubriken- und Kleinanzeigen).

Je nach Charakter des erarbeiteten Layouts werden nun am Monitor die Standplätze der vorgesehenen Texte und Artikel sowie die der Fotos und Illustrationen exakt oder mit der Erfahrung und Routine des Gestaltenden »vorläufig endgültig« positioniert: Aus der Liste der (Format-)Vorlagen (z.B. aus einem Aufklappmenü oder als schwebende Palette) wird die jeweils infrage kommende ausgewählt und mit dem Cursor auf dem

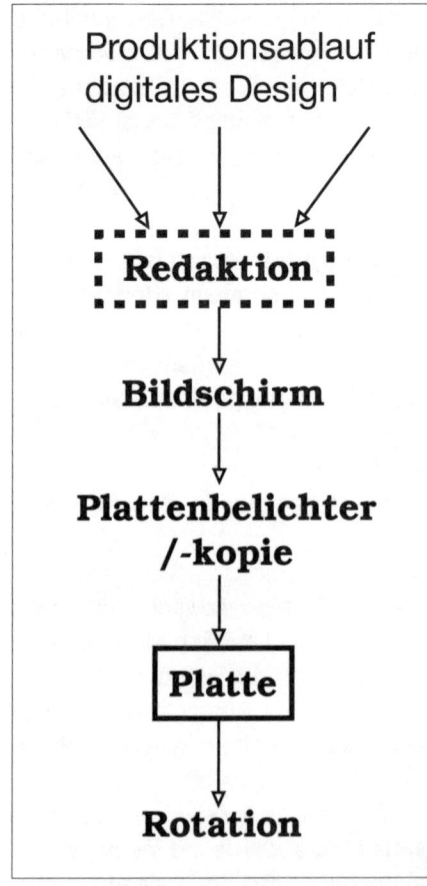

Produktionsablauf
digitales Design

Redaktion

Bildschirm

**Plattenbelichter
/-kopie**

Platte

Rotation

Bildschirm als Rahmen »aufgezogen«. Dieser wird zur Identifizierung des Artikels/Bildes vor oder nach dem Aufziehen häufig mit einem Begriff benannt. Durch die Wahl der Vorlage sind zugleich Schrift, Schriftgrad und Zeiligkeit der Überschrift sowie Schrift und Schriftgrad des Grundtextes definiert. Außerdem ist die Zeilenzahl für den Beitrag bzw. sind die Maße des Bildes oder der Illustration ablesbar. Die entsprechenden Werte können nun an den Verfasser des Textes (sofern dieser nicht an einem Redaktionsmonitor sitzt) bzw. an die Foto-Abteilung weitergegeben werden. Die Vorgehensweise bei Texten variiert in den Redaktionen und Ressorts: Sie ist entweder deduktiv, d.h. der Verfasser muss sich strikt an die – ermittelte – Zeilenvorgabe halten, oder sie ist (in gewissem Rahmen jedenfalls) induktiv, wobei für einen vorliegenden Text der Standplatz »freigeschlagen« wird.

Dies alles geschieht im Layout-Modus des Redaktionssystems. Ich habe übrigens an keinem redaktionellen Arbeitsplatz einen »Ganzseitenbildschirm« entdeckt, auf dem die Seite/

Montagefläche in (annähernder) Originalgröße zu sehen wäre. Es wurde ausnahmslos an herkömmlichen 17-, 19- oder höchstens 20-Zöllern gearbeitet.

Zum Schreiben der Artikel und ihrer Elemente wird in den Schreib- oder Editiermodus gewechselt. In ihm sieht der Verfasser des Beitrages dessen Standplatz und Umbruch, also Spaltigkeit des Fließtextes und Zeiligkeit der Überschrift und ggf. ihrer Zusätze. Er kann nun den Text eingeben und dabei die gesetzten Grenzen einhalten: Gesamtzeilenzahl, Zeilen und Breite der Überschrift und der Unterzeilen, und dies im WYSIWYG-Verfahren (What You See Is What You Get, d.h. Schriftart, -grad und -schnitt »wie gedruckt«).

Selbstverständlich können auch »externe« Texte wie Agenturmaterial, Artikel freier Mitarbeiter, Leserbriefe usw. in das System und somit die Seite(n) aufgenommen und bearbeitet werden. Die Mehrzahl der Fotos und Illustrationen liegt ebenfalls digitalisiert und zur Auswahl in Übersichten/»Fotoalben« vor. Nach ihrer Wahl und Standbestimmung werden sie im Regelfalle in der Foto- oder Bildabteilung vor ihrer Positionierung auf der Seite auf Größe, Ausschnitt, Raster u.ä. bearbeitet.

Hat der Redakteur den Text freigegeben (ggf. nach Durchsicht eines Kollegen; manche Redaktionen »gönnen« sich sogar noch Korrektoren), ist er nunmehr auch im Layout-Modus sichtbar. Je nach Redaktionssystem kann durch ein Farb- oder anderes Markierungsverfahren der jeweilige Status einer Seite und ihrer Elemente erkannt werden; z.B.: ist noch blanko – wird geschrieben – ist korrigiert – ist freigegeben – hat Imprimatur – kann belichtet werden.

Sind alle ihre Elemente endgültig versammelt und durch den verantwortlichen Redakteur freigegeben, wird die Seite in der Mehrzahl der Zeitungshäuser noch einer letzten Sichtung durch Grafiker oder Layout-Profis unterzogen. Dann ist sie »CTP-reif«,

Bildschirmansicht im Layout-Modus

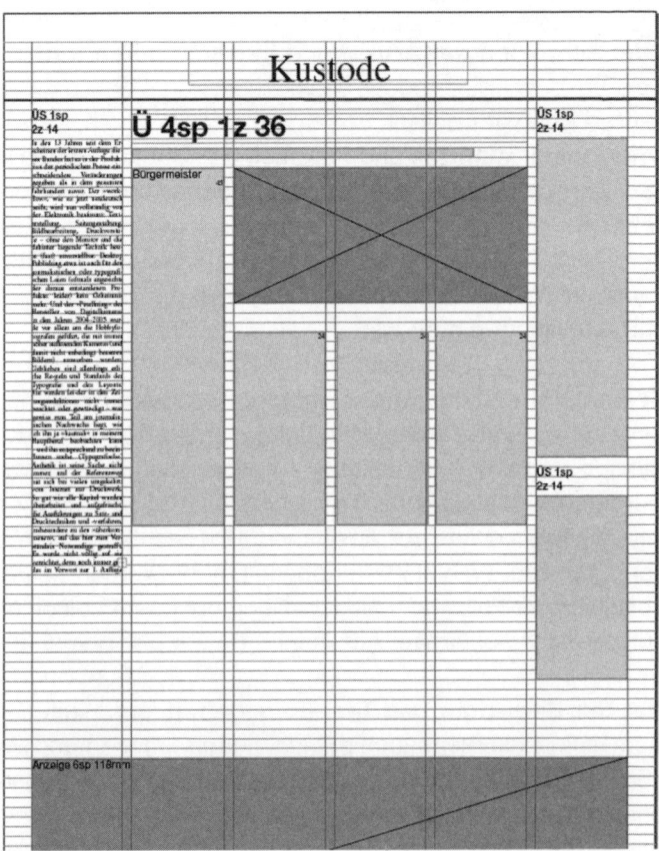

d.h. es kann die Offset-Druckplatte nach dem »Computer-To-Plate«-Verfahren direkt belichtet werden.

Eine neue Dimension ist hier noch kurz anzumerken: War die Produktion zuvor und bis zur Phase des Lichtsatzes (vgl. vorhergehenden Abschnitt) einzig auf die (Tages-)Zeitung beschränkt, bieten die elektronischen Redaktionssysteme nunmehr zusätzliche Möglichkeiten der Verwendungen oder Verwertung des redaktionellen Outputs. Über ein integriertes *Content-Management-System (CMS)* können die Inhalte auch der Online-Abteilung zur Verfügung gestellt werden, sofern das Blatt über eine Internet-Präsenz verfügt, oder anderweitiger informationstechnischer Nutzung.

Nachbemerkung: Ich habe bei meinen Beobachtungen in Tageszeitungsredaktionen jedoch auch festgestellt, dass gestalterische Kreativität im Regelfalle weder möglich noch gefragt ist: Zu eng sind die standardisierten Vorgaben und Formatvorlagen, zu eng ist häufig die Produktionszeit bemessen und zu wenige Layout-Fachleute sind mit den Aufgaben betraut.

Vielmehr ist es so, dass »alles getan ist«, wenn die herbeigerufenen Zeitungsdesigner und -»Relauncher« wieder von dannen ziehen. Und die – internationalen – Layout- und Gestaltungswettbewerbe für Tageszeitungen werden im Zweifel eher unter dieser Zunft ausgerichtet; will sagen: Nicht die Zeitung XY hat gewonnen, sondern der Sieger ist deren Designer.

Dass der Gestaltungsspielraum geringer wird, führt jedoch das vorliegende Buch nicht ad absurdum. Selbstverständlich gibt es in den Redaktionen hinreichende Möglichkeiten, etwa mit Beilagen und Wochenendausgaben, dem üblichen »Korsett« zu entkommen. Auch das im internationalen Trend liegende *Tabloid*-Format der Zeitungen bietet neue Gestaltungsmöglichkeiten. Und schließlich kann die Software erweitert werden, wenn etwa, Beispiel Neues Deutschland, ein befähigter und enthusiastischer Mitarbeiter Hand anlegt. Denn mit Bedauern muss ebenfalls festgestellt werden, dass etliche Redaktionssysteme noch immer nicht vollends den Ansprüchen und Bedürfnissen von Zeitungsredaktionen entgegen kommen bzw. nicht maßgeschneidert sind und engere Grenzen setzen als z.B. *Desktop-Publishing*-Programme – so dass nicht Wunder nimmt, wenn Derivate von Gestaltungsprogrammen wie »InDesign« oder »Quark XPress« wesentlich komfortabler sind. 🖳

Typografie und Schrift

Der Buchstabe

Für den Leser ist der Buchstabe lediglich eine Fläche, eine zweidimensionale Erscheinung auf dem Papier. Für den Fachmann ist er viel mehr.

Beim Bleisatz steht die Letter im Mittelpunkt: Sie ist eine kubische Figur, deren höchster Punkt ein spiegelverkehrtes Relief, das *Schriftbild* als der zu druckenden Fläche, trägt. Die Letter besteht aus einer Legierung von Blei (67%), Antimon (28%) und Zinn (5%). Alle Lettern in einer Reihe (Zeile) haben die gleiche *Schrifthöhe* (deren sogenannte Normalhöhe 62⅔ Punkt beträgt) und Tiefe *(Kegel),* nicht jedoch dieselbe Breite *(Dickte).* Auch haben sie alle eine gemeinsame *Schriftlinie* (Darstellung S. 31).

Beim Fotosatz ist, wie beim Bleisatz, der Buchstabe das wichtigste Element. Während jedoch beim Bleisatz der Buchstabe (bzw. die Letter) im Regelfalle Endstation der Textherstellung ist, stellt er beim Fotosatz nur eine Zwischenstation dar: Hier ist er ein Schritt zur Herstellung einer Druckform, beim Bleisatz kann er direkte Druckform sein. Beim Fotosatz ist der Buchstabe eine zweidimensionale Negativform. Er ist lichtdurchlässig, seine Umgebung schwarz, d.h. undurchlässig. Beim Belichten wird das Buchstabenbild durchstrahlt, und das Licht trifft in dessen Form auf das Fotomaterial. Die Größe des Bildes ist unerheblich, da die angestrebte Schriftgröße durch eine Optik regulierbar ist (siehe Darstellung 3).

Beim Digitalsatz (früher Lichtsatz genannt) sind die Buchstabenbilder in Rasterpunkte zerlegt und als codierte Informationen digital abgespeichert. Sie werden beim Belichten abgerufen und wieder zusammengesetzt, so dass kein Schrift(bild)träger im herkömmlichen Sinne mehr vorhanden ist.

Die Letter

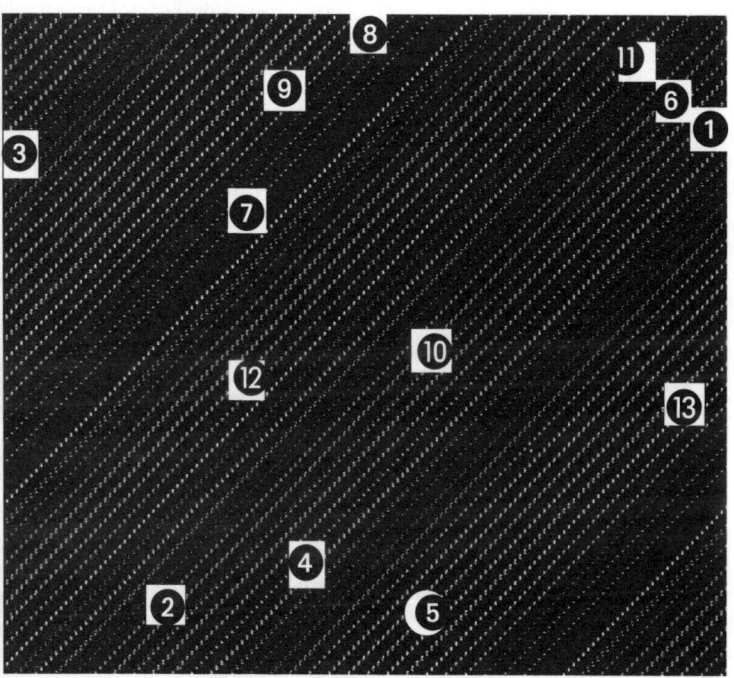

Achselfläche:	die den Kopf der Letter tragende Fläche
Dickte:	die durch die Buchstabenbreite bedingte Ausdehnung der Letter
Fleisch:	siehe Konus
Fußrille:	die durch den Guss bedingte Einkerb ung am Fuß der Letter
Kegel:	die durch den Schriftgrad bedingte Ausdehnung (Tiefe) der Letter
Konus:	das zur Achselfläche schräg abfallende Fleisch am Schriftbild
Kopf:	die Höhe zwischen Schriftbild und Achselfläche bzw. zwischen Schrifthöhe und Schulterhöhe
Punzen:	die vom Schriftbild eingeschlossenen nicht druckenden Flächen
Schriftbild:	die druckende Fläche, das Buchstabenbild am Kopf der Letter
Schrifthöhe:	die Abmessung vom Fuß bis zum Schriftbild, gemeinhin 23,566 mm (62 2/3 Punkt)
Schriftlinie:	die untere Begrenzung der Mittelhöhe des Schriftbildes, deren Abstand vom unteren Letternrand genormt ist
Schulterhöhe:	die Höhe der Letter zwischen Fuß und Achselfläche
Signatur:	die Einkerbung längs der Dickte an der Unterseite des Buchstabenbildes

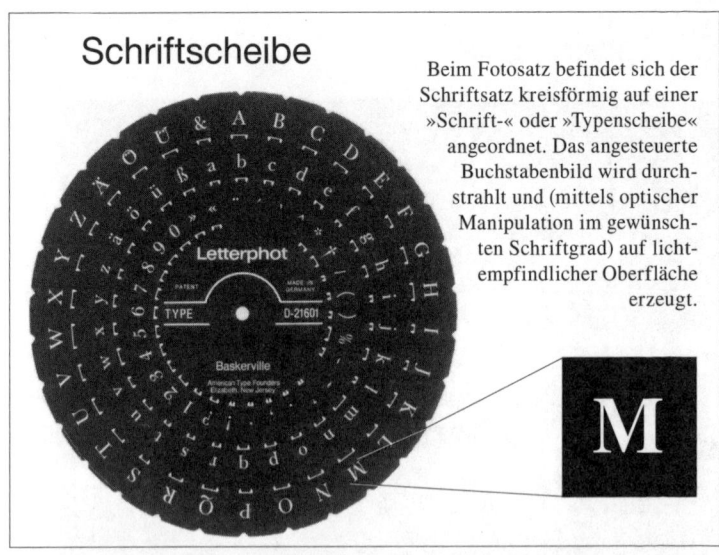

Schriftscheibe

Beim Fotosatz befindet sich der Schriftsatz kreisförmig auf einer »Schrift-« oder »Typenscheibe« angeordnet. Das angesteuerte Buchstabenbild wird durchstrahlt und (mittels optischer Manipulation im gewünschten Schriftgrad) auf lichtempfindlicher Oberfläche erzeugt.

Die gängigsten Erscheinungsformen des Buchstabens sind die *Versalien* (Großbuchstaben) und die *Gemeinen* (Kleinbuchstaben). Der Beginn eines Textes, Kapitels, Abschnittes oder Absatzes kann durch eine *Initiale* gekennzeichnet werden. Ebenfalls als »Anlauf« sowie bei Überschriften und Registern, auch zur Hervorhebung oder Ordnung (z.B. in Nachschlagewerken), werden *Kapitälchen* verwendet, also Versalien, die zwischen *Schriftlinie* und *Vokalhöhe* stehen (die sogenannten *Mittellängen*). Buchstabenelemente, die die Schriftlinie unterschreiten,

Für diesen und die folgenden Abschnitte:
Dußler, Sepp / Fritz Kolling: Moderne Satzherstellung, Itzehoe 1985
Forssman, Friedrich / de Jong, Ralf: Detailtypografie. Nachschlagewerk für alle Fragen zu Schrift und Satz, Mainz 2004[2]
Herrmann, Ralf: Zeichen setzen. Satzwissen und Typoregeln für Textgestalter, Bonn 2005
Luidl, Philipp: Desktop-Knigge, München 1988
Perfect, Christopher: The Complete Typography. A Manual for Designing With Type, London 1992
Stiebner, Eberhard D. / Helmut Huber: Schriften + Zeichen. Ein Schriftmusterbuch, München 1993[4]
Tschichold, Jan: Schriften 1925–1974, 2 Bände, Berlin 1992
Turtschi, Ralf: Praktische Typografie. Gestalten mit dem Personal Computer, Sulgen 1995[2]
Willberg, Hans Peter / Forssman, Friedrich: Lesetypo, Mainz 2005[2]

Erscheinungsformen des Buchstabens

V E R S A L I E N **gemeine**

KAPITÄLCHEN **I**nitialen

Hamburgefons
$$\frac{\text{Oberlänge}}{\text{Mittellänge}}\quad\text{Vokalhöhe}$$
Mittellänge — Schriftlinie
Unterlänge

Das Kunstwort »Hamburgefons« (auch als »Hamburgefonts«) wird verwendet, um den Eindruck einer Schrift zu ermitteln, da es neben Ober- und Unterlängen verschiedene Buchstaben- und Strichabstände wie -kombinationen aufweist.

---

werden als *Unterlänge* bezeichnet, und jene, die die Vokalhöhe übertreten, als *Oberlänge*.

Das typografische Maßsystem

Durch eine Verordnung der Bundesregierung wurde festgelegt, dass seit dem 1.1.1978 im grafischen Bereich nur noch das metrische System verwendet werden darf. Dennoch trifft man auch heute noch auf das traditionelle typografische Maßsystem, das sich nicht »par ordre de moufti« aus der Welt schaffen lässt. Viele ältere Journalisten verbinden eine typografische Vorstellung noch mit Maßangaben wie »Nonpareille«, »Petit« oder »Doppelmittel«. Aus diesem Grunde, und auch ein wenig aus Nostalgie, soll es hier kurz dargestellt werden.

Hinzu kommt, dass es uns bei den neuesten typografischen Systemen wie dem Desktop-Publishing über den Umweg USA (wo die Mehrzahl der Software entwickelt wird) wieder begegnet – wenn auch hier in seiner anglo-amerikanischen Variante.

Einheit des typografischen Maßsystems, das 1785 von dem Pariser Schriftgießer Ambroise Didot als Verbesserung des Systems von Pierre Simon Fournier (1737) eingeführt wurde, ist der – typografische – *Punkt* (abgekürzt p oder ●). Ein Didot-Punkt hat die Stärke von 0,376065 mm, in der Darstellung auf 0,376 mm beschränkt. Zur Vereinfachung und um dem metrischen System Genüge zu tun, wurde als neuer »Modul« eine Stärke von 0,375 mm angegeben.

Das zweite Maß des Systems ist das *Cicero,* das 12 Punkt (nicht: Punkte) misst (rund 4,5 mm). Der Name soll daher stammen, dass der Gutenberg-Nachfolger Peter Schöffer (ca. 1425 bis 1502) Ciceros Briefe in einer Schrift dieser Größe gesetzt hat. Daneben haben noch das Mittel (14 Punkt) und die Konkordanz (1 Konkordanz = 4 Cicero) einen Ordnungscharakter bekommen.

Die Größe (der Grad) einer Schrift wurde zum Teil in Punkt bzw. bei großen Schriftgraden in Cicero oder mm angegeben, zum Teil unter Verwendung ihrer historischen Bezeichnungen. In den angelsächsischen Ländern wird nicht das Didotsche, sondern das *Pica*-System verwendet: 1 *Pica* (4,212 mm) gleich 12 Points (je 0,351 mm).

Die Schriftgrade

Als Grundschriften für den *Mengensatz* (das ist der Text der Artikel) bei Zeitungen und Zeitschriften werden in der Regel 8 bis 10 Punkt verwendet, seltener kommt eine 7-Punkt-Schrift als »*Brotschrift*« (mit der man sein Brot als Setzer verdient) vor. Mit dem Cicero beginnt meist der Schriftgrad für Überschriften und Zwischentitel.

In den Graden 1 bis 3 Punkt werden Schriften nie, in 4 Punkt höchst selten gesetzt: von der Lesbarkeit abgesehen, war hier

Schriftgrade und -namen

Punkt	alte Bezeichnung	alter Modul (0,376 mm)	neuer Modul (0,375 mm)
	Achtelpetit	0,376	0,375
	Viertelpetit / Non Plus Ultra	0,752	0,75
,5	Microscopique	0,940	0,9375
	Viertelcicero / Brillant	1,128	1,125 / 1,13
	Halbpetit / Diamant	1,504	1,50
	Perl	1,880	1,875 / 1,88
	Nonpareille	2,256	2,25
,5	Insertio	2,444	——
	Kolonel / Mignon	2,632	2,625 / 2,63
	Petit	3,008	3,00
	Borgis / Bourgeois	3,384	3,375 / 3,38
0	Korpus / Garmond	3,761	3,75
1	Rheinländer / Brevier	4,136	4,125 / 4,13
2	**Cicero**	4,513	4,50
4	**Mittel**	5,265	5,25
6	Tertia	6,017	6,00
8	eineinhalb Cicero / Paragon	6,769	6,75
0	Text	7,521	7,50
4	Doppelcicero / 2 Cicero	9,025	9,00
8	Doppelmittel / 2 Mittel	10,529	10,50
2	Doppeltertia / Kleine Kanon	12,034	12,00
6	3 Cicero / Kanon	13,538	13,50
2	Große Kanon	15,795	15,75
8	4 Cicero / Kleine Missal / 1 **Konkordanz**	18,050	18,00
0	5 Cicero / Sabon	22,563	22,50
2	6 Cicero / Principal	27,076	27,00
4	7 Cicero / Real	31,588	31,50

die Grenze der Herstellungsmöglichkeit im Bleisatz erreicht; fotografisch wären solche Schriftgrade allerdings produzierbar. Satzmaterial in diesen Größenordnungen findet jedoch anderweitig Verwendung: so bei Linien, Kästen und anderen grafischen Schmuck- oder Betonungselementen sowie beim Bleisatz als *Blindmaterial* wie etwa *Regletten* zur Vergrößerung des *Durchschusses* (Zeilenabstands).

Die Schriftgrade von 6 bis 8 Punkt werden auch als *Konsultationsgrößen* bezeichnet. Texte in dieser Schrift werden, bei normalem Leseabstand (35 cm), nicht im herkömmlichen Sinne gelesen, sondern zur Konsultation (Befragung) herangezogen; so bei Telefon- und Adreßbüchern, Lexika und so weiter. Ferner werden diese Größen bei *Fußnoten* und *Marginalien* verwendet.

Die Grade von 9 bis 12 Punkt stellen die *Lesegrößen* dar, sind also den Textmengen vorbehalten, denen eine längere Lektüre gewidmet wird. 12-Punkt-Schriften werden bereits als Überschriften bei (Kurz-)Meldungen oder als *Zwischentitel* bei längeren Texten verwendet.

Bei 14 Punkt (und theoretisch nach oben offen) beginnen die *Schaugrößen.* Mit ihnen wird entweder Wichtiges mitgeteilt oder auf größere Entfernung lesbar gemacht. Mit solchen Graden werden Überschriften, Titel, Anzeigen, Plakate und Buchumschläge versehen.

Gemessen wird die Schriftgröße (der Schriftgrad) beim Bleisatz nicht am Schriftbild bzw. der gedruckten Wiedergabe, sondern sie ergibt sich aus der Größe des Kegels. In der Konsequenz können daher trotz gleicher Größe bei verschiedenen Schriften unterschiedlich große Schriftbilder entstehen. Im gedruckten Text läßt sich die Größe durch den Abstand zweier Schriftlinien ermitteln – sofern nicht der Durchschuß mit Regletten erweitert oder durch Verwendung spezieller Kegel verändert wurde; vergl. hierzu den Abschnitt »Das Wort und die Zeile«.

Schriftgrade

Dies ist die Helvetica in 4 Punkt normal

Dies ist die Helvetica in 5 Punkt normal

Dies ist die Helvetica in 6 Punkt normal

Dies ist die Helvetica in 6,5 Punkt normal

Dies ist die Helvetica in 7 Punkt normal

Dies ist die Helvetica in 8 Punkt normal

Dies ist die Helvetica in 9 Punkt normal

Dies ist die Helvetica in 10 Punkt normal

Dies ist die Helvetica in 12 Punkt normal

Dies ist die Helvetica in 14 Punkt normal

Dies ist die Helvetica in 16 Punkt normal

Dies ist die Helvetica in 18 Punkt

Dies ist die Helvetica in 20 Punkt

Dies ist die Helvetica in 24p

Die Helvetica in 28p

Die Helvetica 36p

Die Helve in 48

...und in 60p

Beim Fotosatz hingegen, und ebenso beim Digitalsatz, die ja keinen Schriftkörper im klassischen Sinne mehr kennen, ist die Ermittlung des Schriftgrades schwieriger: Die Versalhöhe des Schriftbildes (etwa an einem großen »H« messbar) entspricht nicht der Schriftgröße, sondern ist kleiner. Eine andere Orientierung als Bezugsgröße gibt der vertikale Raumbedarf, der *Mindest-Zeilenabstand:* Dieses Maß umfasst zusätzlich zur Schriftbildhöhe auch den Abstand, der ein Berühren oder Ineinanderfließen (von Ober- und Unterlängen) *kompress* (eng) gesetzter Zeilen verhindern soll. Hier sollen die Maße ausschließlich im metrischen System angegeben werden, doch hat sich bei kleineren Schriftgraden die Benennung in Punkt unter Typographen weitgehend erhalten.

Das metrische System wurde und wird zudem immer bei der Größenangabe von Fotos, Illustrationen, gestalteten Anzeigen und Formaten (Zeitungs-, Papierformate) angewendet, auch wo ansonsten mit dem typografischen Maßsystem gearbeitet wird.

Die Schrift

Wie viele Schriften es gibt, lässt sich nur schätzen. Es sollen allein ohne die fremdländischen (Arabisch, Chinesisch usw.) weit über achttausend sein – und ihre Zahl wächst ständig. Einen Eindruck von der Vielfalt vermitteln schon die Bestände gut ausgestatteter Setzereien oder die Kataloge von Fotosatz- und digitalen Schriftbildträgern. Bei dieser Vielfalt mit zum Teil nur geringfügigen Unterschieden zwischen einzelnen Schriften und angesichts der zahlreichen Schriftschnitte fällt selbst Fachleuten die Unterscheidung häufig schwer.

Eine Klassifikation erschien anbetrachts der Vielfalt der Schriften unumgänglich. In der Bundesrepublik besteht seit 1964 ein Ordnungssystem, das sich in seiner Systematik stark an eine internationale Ordnung anlehnt; es ist das Normblatt DIN 16

518, das eine Einteilung der Schrift in elf Gruppen nebst Untergruppen kennt.

Über diese Einteilung, die historische Bezugspunkte stärker
berücksichtigt als die Erfordernisse der Praxis, kann man geteil-
ter Meinung sein. Schriftformen können nicht ebenso exakt wie
etwa geometrische Formen abgegrenzt werden. Bei der Zu-
ordnung einer Schrift kann auch das »Gefühl« eine Rolle spielen.

Schriftgruppen

nach dieser DIN-Norm sind:

I	Venezianische Renaissance-Antiqua
II	Französische Renaissance-Antiqua
III	Barock-Antiqua
IV	Klassizistische Antiqua
V	Serifenbetonte* Linear-Antiqua
VI	Serifenlose Linear-Antiqua (Groteske)
VII	Antiqua-Varianten
VIII	Schreibschriften
IX	Handschriftliche Antiqua
X	Gebrochene Schriften (Fraktur)
Xa	Gotisch
Xb	Rundgotisch
Xc	Schwabacher
Xd	Fraktur
Xe	Fraktur-Varianten
XI	Fremdländische Schriften

*Serifen sind die An- und Abstriche an den Buchstaben

Die Gruppen I bis IV leiten ihre Bezeichnung aus den kulturge-
schichtlichen Epochen ab, in denen ihre ersten Formen entstanden, wobei die Schriften als künstlerischer Ausdruck in enger
Beziehung zur jeweiligen Baukunst zu sehen sind. Gleichwohl
stammen die heute benutzten Schriften dieser Gruppen über-

Schriftgruppen nach DIN 16 518

Gruppe I
Venezianische Renaissance-Antiqua

Pharmazeutische Industrien

Das handschriftliche Vorbild dieser Druckschrift wurde mit der schräg angeschnittenen
Breitfeder im Wechselzug geschrieben. Der
Mittelstrich des kleinen e liegt schräg. Die
Unterschiede in den Strichstärken sind gering. Es wechseln nur an- und abschwellende
Formen. Ein wichtiges Kennzeichen sind die
gerundeten Übergänge an den Serifen. Die
Aufstriche an den Kleinbuchstaben wirken
wie schräge Dächer. Die senkrechten Achsen
der runden Buchstaben sind etwas nach links
geneigt.

Gruppe II
Französische Renaissance-Antiqua

Meisterwerke der Keramik

Die Französische Renaissance-Antiqua ist der
Venezianischen Renaissance-Antiqua sehr
ähnlich. Sie weist jedoch einen größeren
Kontrast zwischen Grund- und Brückenstri-
chen auf. Der Mittelstrich im kleinen e liegt
waagerecht.

Gruppe III
Barock-Antiqua

Handbuch der Philosophie

Gegenüber den Formen der Renaissance-
Antiqua ist der Kontrast der Strichdicken
noch gesteigert. Die senkrechten Achsen der
runden Buchstaben sind nicht mehr geneigt.
Die Übergänge der Serifen sind kaum noch
ausgerundet. Häufig sind die Serifen der
Kleinbuchstaben oben schräg, unten aber
waagerecht angesetzt.

Gruppe IV
Klassizistische Antiqua

Novellen und Erzählungen

Das Vorbild dieser Druckschrift waren die
zierlichen Kupferstecher-Schriften. Die Buch-
drucker forderten den Schriftschneidern und
Schriftgießern eine ebenbürtige Ausprägung
ab, um konkurrenzfähig zu bleiben.
Der Wechsel zwischen kräftigen Grundstrichen und zarten Stütz- und Führungsstrichen
zeigt einen starken Kontrast. Die Serifen sind
fein, waagerecht und fast winklig angesetzt.
Die Achse der Rundungen ist senkrecht.

Gruppe V
Serifenbetonte Linear-Antiqua

Lehrlingsausbildung

Alle Striche wirken optisch gleich stark. Da bei allen anderen Schriftformen die Serifen im Vergleich mit den Grundstrichen leichter gehalten sind, ist ihre Gleichbetonung das auffälligste Merkmal dieser Gruppe. Die Übergänge von den Senkrechten zu den Serifen sind teils winklig geschnitten, teils gerundet.

Gruppe VI
Serifenlose Linear-Antiqua

Nobelpreis für Medizin

An- und Abstriche sowie Serifen fehlen diesem Charakter. Das restliche, zweckbetont wirkende Schriftskelett besteht aus optisch gleichwertigen Strichführungen.

Gruppe VII
Antiqua-Varianten

Druck und Papier

Die Schriften dieser Gruppe entstanden vielfach in der Weise, daß zu den Stilformen I–VI noch besondere Ziervarianten geschaffen wurden. So findet man hier vorwiegend Versalalphabete für ornamentale Zwecke.

Gruppe VIII
Schreibschriften

König der Leichtathleten

Es handelt sich hier um Drucktypen, die aus den sogenannten „lateinischen" Schul- und Kanzleischriften, aus individuellen Handschriften und künstlerischen Schriftentwürfen entstanden sind. Ohne tatsächlich Kursive zu sein, neigt diese Antiqua leicht nach rechts und trägt Züge des Schreibens. Typisch ist das Anschließen der einzelnen Buchstaben. Viele Versalien weisen nach rechts, die Gemeinen über- oder untergreifende Zierschwünge auf. Es besteht ein starker Kontrast der Ober- und Unterlängen gegenüber der Mittelhöhe der Gemeinen.

Gruppe IX
Handschriftliche Antiqua

Niederländische Maler

Grundsätzlich zeigt diese Schriftgruppe einen senkrechten Duktus. Die Formen zeigen jedoch abweichend von der strengen stilistischen Systematik aller anderen Antiquaprägungen eine betont handschriftliche Originalität. Dadurch erhalten die einzelnen Buchstaben ein bewegteres Bild. Sie zeigen z. T. den Zug der Breitfeder in manueller Ursprünglichkeit statt der Exaktheit der Kunst der Schriftschneider. Oft fehlen die Serifen, oder sie sind originell verändert. Diese Gruppe bereichert die Werbedrucksachen.

Gruppe X
Gebrochene Schriften
Xa Gotisch

Der Mann mit dem Goldhelm

Alle runden Formen sind gebrochen. Serifen und Brückenstriche sind durch kurze rautenförmige Übergänge ersetzt. Dadurch wird die Schrift sehr eng. Ein Wechsel zwischen kräftigen und zarten Strichen kommt vor. Zum Beispiel der Querstrich des kleinen e ist zart.

Xb Rundgotisch

Kunſt im Wandel der Zeiten

An vielen Buchstaben fehlen die rautenförmigen Köpfe und Füße der Gotisch. Viele runde Formen sind erhalten. Dadurch wirkt die Schrift breiter und offener.
Diese Form, die der frühgotischen Schrift ähnelt. wurde vorwiegend in Italien bewahrt und weiterentwickelt.

Xc Schwabacher

Die Bayreuther Festspiele

Gebrochene Formen und Rundungen wechseln, so daß diese Schrift breit und ausladend wirkt. Die Punzen in o und d sind eiförmig. Die senkrechte Achse ist deutlich sichtbar nach links geneigt.
Diese Schriftform erscheint als Handschrift um 1470 in Süddeutschland. Als Druckschrift findet man sie erstmals in Luthers Streitschriften und nennt sie die Schrift der Reformation.

Xd Fraktur

Modiſches für junge Leute

Rüsselschwünge bzw. Flammenlinien und zarte Ausläufe an den Rauten verleihen diesem Charakter eine zierreiche Form.
Die Fraktur läßt sich bei wechselnder Federhaltung schreiben. Als Druckschrift findet man sie in dem bekannten Gebetbuch Kaiser Maximilians dokumentiert.

Xe Fraktur-Varianten

Olympiade in München

Diese Gruppe ist vorgesehen für alle Ausprägungen der gebrochenen Schriften, die nicht in die vorangehenden Untergruppen passen. Vorwiegend handelt es sich um Schriften, die es einmal gab, die heute aber nicht mehr vorkommen. Ein Beispiel sind die deutschen Schreibschriften, die die ehemalige deutsche Schulschreibschrift zum Vorbild hatten.

Gruppe XI
Fremde Schriften

التاجر مجده فى كيسه، العالم مجده فى

wiegend aus späteren Zeiten, teils erst aus unserem Jahrhundert, und sind den Originalschnitten nur nachempfunden.

Die bedeutendsten Schriften der Gruppen V und VI hingegen entstanden erst im 20. Jahrhundert. Als »Groteske« wur-den die serifenlosen Schriften bei ihrem Aufkommen bezeichnet, weil sie gegenüber den serifenbetonten sowie den Antiqua- und Frakturschriften als grotesk erschienen.

Weitere Schriften: Neben diesen Gruppen, die auf gesetzter Schrift bzw. auf Drucktypen basieren, gibt es solche, die für den Satz nicht direkt relevant sind, aber der Vollständigkeit halber hier erwähnt werden:
Es sind dies die »echten« *Schreibschriften* (Handschriften), die *Composer*- und die *Schreibmaschinenschrift,* die *Normschriften* (etwa die »Schrift für den Straßenverkehr« und die für Schablonen) sowie die – aussterbenden – *OCR-Schriften* (Optical Character Recognition, optische Zeichenerkennung) für die Datenverarbeitung und Belegleser/Lesemaschinen. 🖥

Schriftarten und -schnitte

Innerhalb der Schriftgruppen werden Schriften nach *Schriftarten* (auch *Schriftcharakter* oder *Schriftnamen)* eingeteilt. Ihre Bezeichnungen benennen entweder ihren Schriftschöpfer (wie **Claude Garamond,** John Baskerville, **Erich Walbaum** oder Giambattista Bodoni) oder ihre (Erst-)Verwendung (wie **Times, V.A.G.**) oder sind frei gewählt.
Jede Schriftart wird in verschiedenen *Schriftschnitten* verwendet; es sind dies nach dem Wiedergabebild *(Duktus)* z.B. ultraleicht, mager, leicht, normal, **Buch, halbfett, fett** und **extrafett,** nach dem *Buchstabenbild* (Weite und Neigung) eng/schmallaufend, standard, breit sowie *kursiv.* Alle zu einer Schriftschöpfung gehörenden Schnitte werden als *Schriftfamilie* bezeichnet. Die in Punkt/Cicero, mit den traditionellen Bezeichnungen oder

Schriftfamilie

Mit der »Univers«, einer serifenlosen Linear-Antiqua, existiert eine
systematisch aufgebaute Schriftfamilie mit 21 Garnituren. Die erste Ziffer
der Schriftnummer wird durch den Duktus bestimmt: 3 eng, 4 leicht, 5 normal,
6 halbfett, 7 fett, 8 extrafett. Die zweite Ziffer bestimmt die Weite und
Neigung: 3 breit, 5 normal, 6 kursiv normal, 7 schmal, 8 kursiv schmal,
9 eng. Der Fotosatz ermöglicht noch weitere Varianten. Die »Helvetica«
gibt es als digitalen Open-Type-Font sogar in 68 Schnitten!

metrisch benannte Größe der Schrift ist der *Schriftgrad*. Alle Schriftgrade eines Schnittes, z.B. von 6 bis 96p, werden *Schriftgarnitur* genannt.

Aus dieser Übersicht wird deutlich, welche räumlichen und vor allem materiellen Anforderungen an eine gut ausgestattete Setzerei für Bleisatz gestellt waren. Geht man bei nur einer einzigen Schrift von einer gut besetzten Schriftfamilie (rund 15 gängige Schnitte) und einer umfassenderen Schriftgarnitur (etwa 20 erforderliche Schriftgrade) aus, so ergeben sich 15x20 gleich 300 Setzkästen oder Magazine als Materialbasis.

Beim Fotosatz ist der Aufwand geringer, da sich mit Hilfe der Optik von nur einer Fotoscheibe als Träger eines Schriftschnittes praktisch alle Schriftgrade und durch entsprechendes Einstellen zahlreiche *Schriftweiten* erzeugen lassen. Beim Lichtsatz und beim Desktop-Publishing entsteht praktisch kein Aufwand, da die Schriftbeschreibung elektronisch vorliegt und algorithmisch beliebig erzeugt werden kann.

Die Schrift ist von allen Werkzeugen der Typografie vielleicht am stärksten ein Produkt ihres kulturellen Umfeldes und in der Wahrnehmung emotional besetzt. Schrift ist aus Bilderzeichen entstanden. Und obwohl diese Bilderzeichen im Laufe der his-

Schrift und ihre emotionale Botschaft. Die Schriften von oben:
Fraktur, Oakland und Frutiger

Schriftcharakter

1 feuerroter Fahrradhelm
2 langhaarige Meer-
schweinchen
1000 rote Gummibärchen
1 Nagel-neues Buch
2 große Dampflokomotioen
5 grüne Waggons
Omas guten Napfkuchen
7 kg Marzipankartoffeln
noch ein Buch
& weiße Weihnachten

Ein handgeschriebener Wunschzettel präsentiert die Weihnachtswünsche
individuell und persönlich. Er verliert auf der Schreibmaschine getippt seine
Glaubwürdigkeit (Darstellung S. 46) und wird eine offizielle Bestellung.
Das »Menü« (Darstellung S. 47), gesetzt aus der Englischen Schreibschrift,
erweist sich als schöner Schein. Auch die Boulevardzeitung (S. 48) bringt
keine neuen Erkenntnisse zum Thema »fünf grüne Waggons«, sondern entlarvt
als Verursacher für diese Täuschung Schrift und Typografie.
Das heißt: Schrift, Typografie und Grafik interpretieren den Inhalt.
Glaubwürdig ist ein Inhalt dann, wenn die Form stimmt.

torischen Entwicklung immer weiter abstrahiert wurden, werden Schriftzeichen noch heute unbewusst als Bilderzeichen wahrgenommen. Mit den meisten Schriften verbindet sich wegen dieser emotionalen Besetzung eine ganz bestimmte Erwartung an den Inhalt.

```
01. 1 feuerroter Fahrradhelm
02. 7 kg Marzipankartoffeln
03. 1 Nagel-neues Buch
04. 2 große Dampflokomotiven
05. 2 langhaarige Meerschweinchen
06. Noch ein Buch
07. 5 grüne Waggons
08. Omas guten Napfkuchen
09. 1000 rote Gummibärchen
10. & Weiße Weihnachten
```

Welche Schrift als alltäglich empfunden wird, hat in hohem Maße mit dem Kulturkreis zu tun, in dem sie benutzt wird, und kann gerade an den beliebten Zeitungs-Schriftfamilien beobachtet werden. In Italien zum Beispiel wurden Überschriften häufig in Versalien gesetzt, was aus der Tradition der römischen Kapitalschrift herrührt. Im deutschsprachigen Kulturraum jedoch wirken Versalien völlig ungewohnt. Wir können sie kaum schnell entziffern. In Frankreich stößt man oft auf relativ blumige Schriften, die hierzulande schon wieder als kitschig empfunden werden. Dagegen werden die bei uns verbreiteten Grotesk-Schriften anderswo als hart, schwer, furchtbar deutsch und unsensibel kritisiert.

Für die Zeitungsarbeit haben sich *Brotschriften* eingebürgert, die keinen expressiven Charakter, kein ausgeprägtes Schriftbild haben. Sie wirken neutral und nüchtern. Mit ihnen lassen sich gleichermaßen positive wie negative Inhalte transportieren, ohne dass sie diese Inhalte durch ihren Eindruck konterkarieren

Fünf grüne Waggons

Zwei große Dampflokomotiven

Ein Nagel-neues Buch

Ein feuerroter Fahrradhelm

Zwei langhaarige Meerschweinchen

1000 rote Gummibärchen

Noch ein Buch

Omas guten Napfkuchen

& Weiße Weihnachten

würden. Sie haben in der Regel hohe Mittellängen. Das Auge liest entlang der Mittellänge einer Schrift. Eine Schrift ist desto schneller lesbar, je ausgeprägter ihre Mittellängen sind.

Für die Londoner Times wurde eine eigene Schrift gleichen Namens entwickelt, die heute als die Zeitungsschrift schlechthin angesehen. Das mag für England gelten. Als Schrift für die deutsche Sprache birgt sie jedoch ein großes Problem: In ihren hohen Versalien sind die Innen- und Außenräume der Buchstaben so verteilt, dass sie relativ klecksig wirken und zumindest im Grundtext für Unruhe sorgen. Das Englische braucht Versalien fast ausschließlich in der Überschrift und am Satzanfang. Im Deutschen sind sie sehr viel häufiger.

Der Lesevorgang

Wer liest, nimmt nicht einzelne Buchstaben wahr. Bei normalem Leserverhalten vollzieht das Auge eine Pendelbewegung, vergleichbar mit dem Verfolgen eines Balles auf dem Tennisplatz.

Dabei wird nicht buchstabiert, vielmehr springt das Auge von Wort zu Wort; auf einen Blick werden drei bis zehn Buchstaben als Wort(bild) erfasst.
Zwischen den Pendelschwüngen legen Lesende immer wieder Pausen von etwa einer Viertelsekunde ein, um den Zusammenhang zu erfassen. Ab und an geht der Blick in eine frühere Zeile zurück: Damit kann man sich des Inhalts vergewissern oder eine falsch eingeschlagene Verständnisrichtung korrigieren.

Je breiter die Zeile ist, desto häufiger blicken Lesende zurück. Bei sehr breiten Zeilen kann es passieren, dass der Lesende, am Ende der Zeile angelangt, die Wörter vom Anfang aus seinem Ultrakurzzeitgedächtnis schon wieder vergessen hat; er muss zurück zum Anfang der Zeile, die er eben verlassen wollte. Der Lesende kann sich bei langen Zeilen beim Lesen verheddern, was durch ungünstigen Zeilenabstand und -fall, Schriftgrad und -schnitt noch verstärkt wird.

Bei zu schmalen Zeilen sieht es nicht besser aus. Die Pendelbewegung des Auges ist zu kurz, die bei jedem Zeilensprung aufgenommene Information bleibt für das Verständnis vom Sinn des Textes ungenügend. Die erforderlichen allzu raschen Bewegungen ermüden das Auge, Denkpausen müssen häufiger und länger eingelegt werden.

Schmale Spalte

Unwetter in Oberitalien

■ Bei heftigen Regengüssen in Südtirol und angrenzenden Regionen in Norditalien ist es gestern in den frühen Nachmittagsstunden zu erheblichen Störungen gekommen, bei denen eine bisher unbekannte Zahl von Touristen zu Schaden gekommen ist. Die Behörden haben eine Untersuchung

---

Das Wort und die Zeile

Ein massenmediales Produkt wie die Zeitung und die Mehrzahl der Zeitschriften werden zwar kaum nach ästhetischen Gesichtspunkten gefertigt und präsentiert; dennoch gibt es einige Grunderwägungen, die Redaktion und Technik schon aus Rücksicht auf den Leser beherzigen sollen.

Eine gesetzte Zeile besteht aus Wörtern und *Wortpausen* (Wortabständen), gegebenenfalls treten Satzzeichen hinzu. Ein Wort wiederum besteht aus Buchstaben und Zwischenräumen. Die Zeile erscheint in einer vorgegebenen Länge in einer Schrift von einheitlicher Art, gleichem Grad und Schnitt; manchmal werden Schriften gemischt. Solange die Zeitung wie gewohnt aussieht oder alles seine Richtigkeit hat, interessieren sich Leser kaum für Schriftart und *Zeilenfall.* Brüche, Regelwidrigkeiten oder Fehler jedoch werden den Lesern auffallen, ihnen das Lesen erschweren oder sie gar zum Abbruch der Lektüre veranlassen.

Eine Formel zur Ermittlung der optimalen Zeilenbreite hat der (2007 im Alter von 93 Jahren gestorbene) amerikanische Typografie- und Layout-Dozent Edmund C. Arnold eingebracht (und damit eine instinktiv entwickelte Setzertradition bestätigt):

$$O = abc \text{ mal } 1,5$$

Die optimale Zeilenbreite O ergibt sich danach aus der Multiplikation des Alphabets (in Kleinbuchstaben) mit 1,5. Das sind, ohne Umlaute, 26 mal 1,5 gleich 39 Anschläge. Der Schriftgrad ist dabei unerheblich, da ja die Relation zur Zeilenbreite jeweils erhalten bleibt. Nun variiert die Zeilen- bzw. Spaltenbreite bei Zeitungen und Zeitschriften (und diese Variation soll zur Auflockerung der Gestaltung auch erhalten bleiben). Daher gibt es zur Arnoldschen Formel eine Erweiterung: O darf um 25 Prozent unter- und um 50 Prozent überschritten werden.

Die durchschnittliche Zeilenbreite liegt bei Zeitungen und Zeitschriften um 13, bei Taschenbüchern um 22 Cicero. Wenn Zeitungen, Publikums- und Fachzeitschriften eher zum Minimum tendieren, so ist das insofern unschädlich, als sie sich nicht zur durchgängigen Lektüre, sondern in Leseportionen anbieten.

Der Schriftschnitt hat neben der Zeilenbreite (und dem damit korrespondierenden Schriftgrad) Auswirkungen auf die Lesbarkeit. Untersuchungen haben ergeben, dass jeweils die normale Schriftstärke (medium) am besten abschneidet. Zu fette Schrift in größerer Menge ermüdet das Auge, zu magere hebt sich zu wenig ab (dies ist vor allem bei schlechteren Papierqualitäten zu berücksichtigen). Auch vor kursivem Mengensatz wird wegen dessen schlechter Lesbarkeit (nicht zuletzt wegen des ungewohnten Erscheinungsbildes) gewarnt: Kursiv hemmt das Lesetempo um bis zu 16 Wörter pro Minute. Ebensolche Schwierigkeiten verursacht der VERSALSATZ. Großbuchstaben werden eher als individuelle Zeichen angesehen, die sich für ganze Sätze oder gar Absätze deshalb verbieten. Manche Zeitungen, vor allem in Italien, verwendeten Versalien für die Überschriften.

Für Hervorhebungen in einem Text eignen sich hingegen alle folgenden Abweichungen vom Normalschnitt (zuzüglich der KAPITÄLCHEN): Zur Auszeichnung eines Wortes, Satzes oder ganzen Absatzes kann z.B. **fett,** *kursiv,* oder in Ausnahmen g e s p e r r t (spatiiert; spatiierter Satz gilt jedoch heute als altmodisch oder aufdringlich), gesetzt werden – sofern dabei zurückhaltend vorgegangen wird.

Das Erfassen von Schriftzeichen durch das Auge verbraucht Energie. Daher sollte eine Schrift, zumal als *Mengentext,* gut lesbar sein und möglichst wenig ermüden, vielmehr in rhythmischen Schwüngen des Auges erfaßbar sein. Die Mehrzahl der Massenpublikationen verwendet, mit Recht, eine Serifenschrift. Solche Schriften wurden in Untersuchungen als besser lesbar

und beliebter erkannt als serifenlose, da sich ihre Buchstaben deutlich voneinander unterscheiden. Bei Tests der Leseeffizienz (250 bis 350 Wörter/Minute) wird mit Serifenschriften die Aufnahme um 7 bis 10 Wörter gesteigert. Aufgrund dieser Erkenntnis ist sogar ein Trend zur Verwendung serifenbetonter Schriften zu verzeichnen. Leider noch nicht bei dieser Buchreihe.
Zur Veranschaulichung des Gesagten sind die nächsten Absätze einmal in der Bodoni gesetzt. (Achtung, Umgewöhnung!)

Der Durchschnittsleser bewältigt einen Schriftgrad von etwa 2,5 mm Versalhöhe auf einem 3,5–4 mm hohen Kegel am mühelosesten. Je nach Schriftschnitt und -art sowie Satzmethode ist dies eine Schriftbildhöhe von 9 bis 10 Punkt. Die meisten Publikumszeitschriften verwenden 9 bis 10 Punkt, Zeitungen liegen oft um einen Punkt darunter.
Neben dem Schriftgrad bestimmt der *Durchschuss* (Zeilenabstand) Bild und Lesbarkeit der Zeilen. Etliche Publikationen setzten beim Bleisatz zur Erhöhung des Zeilenabstandes – und damit des Lesetempos – den Buchstaben auf einen um einen halben oder ganzen Punkt vergrößerten Kegel (z.B. acht auf neun Punkt: »8/9p«) oder erweiterten diesen Durchschuss durch nichtdruckende *Regletten*. Beim Fotosatz wird der *Zeilenvorschub* des Films (Transport in mm) entsprechend eingestellt, beim Digitalsatz durch entsprechende Auswahl im Menü.

Zeilenfall und -breite

Zeilen in einem Text können in drei Arten bzw. sieben Formen auftreten, die sich durch den *Zeilenfall* ergeben. Er ist definiert durch die Art, wie (wechselnde) Zeilenlängen in der Spalte plaziert werden. Es sind dies (vgl. Übersicht 7) der *Rauhsatz*, der *Blocksatz* (Blockform, alle Zeilen von gleicher Breite oder verschränkt) und der *Flattersatz* (freie Form, Zeilen von unterschiedlicher Breite). Der Flattersatz tritt in vier Varianten auf: linksbündig, rechtsbündig, zentriert (auf Mitte) und versetzt/frei angeordnet.

Damit beim Blocksatz alle Zeilen eine einheitliche Breite haben, müssen sie ausgeschlossen werden. Dieses *Ausschließen* wird durch Verbreitern *(Ausbringen)* oder Verringern *(Einbringen)* der *Wortpausen* erreicht. Der Wortzwischenraum ist von Schriftgrad und Duktus abhängig und wird in *Gevierten* (Quadraten des Kegels) oder Teilen davon bestimmt. Als mittlerer Wert gilt ein Drittel des Schriftkegels (Drittelgeviert). Als Richtwert kann man auch den Innenraum des »n« bei der jeweiligen Schrift ansehen.

Einbringen/Ausbringen: In der Mehrzahl der Fälle schließt der letzte Buchstabe des letzten Wortes nicht mit der Zeilenbreite ab; es bleibt ein Rest, der auch durch Worttrennung nicht auffüllbar ist. Dann muss, beim Handsatz, die Zeile ein- oder ausgebracht werden. Beim Einbringen werden die vorherigen Wortpausen verkleinert, um Platz für eine weitere Silbe o.ä. zu schaffen. Beim Ausbringen werden die Wortzwischenräume vergrößert, um die Zeile auf Breite zu bringen. (Beim Maschinensatz konnte nur ausgebracht werden.) Beim Foto- und Digitalsatz schließt man die Zeilen durch automatisches Ein- oder Ausbringen. Das Ausschließen wird durch Silbentrennprogramme und Ausnahmewörterspeicher (Lexika im Rechner) gestützt.

Wortpause

Von den Ausnahm

Von den Ausnahmen

Von den Ausnahmen

Zeilenfall

Der Rauhsatz ist technisch bedingt, seine
wechselnde Zeilenlänge ist durch die Spaltenbreite
bestimmt. Er rhythmisiert, wie
der Flattersatz und der Gedichtsatz, balanciert
aber die Zeilenlängen nicht exakt aus. Bei
schmalen Zeilen ist er, neben dem Flattersatz,
dem Blocksatz vorzuziehen.

Rauhsatz

Der Blocksatz ist wie der Rauhsatz technisch
bedingt, seine Zeilenlänge ergibt sich durch die
Blockgrößen (meist identisch mit der Spaltenbreite). Er ist vom Aussehen her statisch.

Blocksatz

Für den verschränkten Blocksatz gilt
das zum bündigen Blocksatz Gesagte:
Seine Zeilenlänge ergibt sich ebenfalls durch die Blockgröße. Jedoch
wirkt er wesentlich weniger statisch.

**Blocksatz
verschränkt**

Der Flattersatz ist formal bedingt,
seine Zeilenlänge richtet sich
nach rhythmischen Gesetzen. Seine
linksbündige Form gleicht dem Rauhsatz.
Der Flattersatz betont bewusst den Wechsel
von längeren und kürzeren Zeilen.

**Flattersatz
links-
bündig**

Das zum linksbündigen Flattersatz Gesagte gilt
entsprechend für seine rechts-
bündige Form. Erschwerend beim Flattersatz
wirkt, dass der Unterschied im Wechsel
der Zeilenlängen annähernd gleich sein soll. Zur
Not muß dann, was eigentlich ver-
mieden werden kann und soll, ein Wort getrennt
werden.

**Flattersatz
rechts-
bündig**

Der auf Mittelachse (»zentriert«)
gesetzte Flattersatz erscheint für sachliche
Texte und Zeitungsspalten
nicht sonderlich geeignet – von Vorspännen
abgesehen und der Möglichkeit,
mehrzeilige Überschriften in dieser Form
zu setzen.

**Flattersatz
auf
Mittelachse**

Der versetzte Flattersatz (die freie Form
der Zeilenanordnung) ähnelt einem
Gedichtsatz. Während der Satz dort
jedoch der Verdeutlichung der
Sprache dient, folgt er hier einem
gegebenen Gestaltungsschema.

**Flattersatz
versetzt**

Beim Flattersatz entfällt der Zwang zur einheitlichen Zeilenbreite, so dass die Wortpausen prinzipiell – optisch – gleich gehalten werden können. Er bietet daher, bei Gewöhnung an den freien Zeilenfall, ein ruhiges und kompaktes Bild und sollte bei recht schmalen Spalten dem Blocksatz vorgezogen werden. Da beim Flattersatz zudem Worttrennungen weitgehend vermeidbar sind, wird auch die Aufnahmefähigkeit durch den Leser erhöht. Allerdings kann diese bei der rechtsbündigen, versetzten und zentrierten Variante auch gestört werden, weil jeweils der nächste Zeilenanfang gesucht werden muss.

Das Wort hat, wie die Zeile die Wortpausen, seine Buchstabenabstände (Räume, im Bleisatz *Zurichtung,* im Foto- und Digitalsatz *Laufweite* genannt). Sie ergeben sich durch die *Dickte* des Kegels (Handsatzletter), die Stärke der Matrize (Maschinensatz) oder die eingestellte Schriftweite. Im Zeitschriften-, Zeitungs- und *Akzidenzsatz* (Auftragsarbeit einer Setzerei für Privat- oder Geschäftszwecke) wird man im Regelfalle den somit vorgegebenen Abständen keine weitere Beachtung schenken; zumindest, was den Mengensatz betrifft. Beim Foto- und beim Digitalsatz muss man die Abstände dann berücksichtigen, wenn von der normalen »Null«-Laufweite abgewichen wird.
Üblicherweise wird in den vorgegebenen Buchstabenabstand nur eingegriffen, wenn Satzteile durch *Spationierung* (Sperrung) ausgezeichnet werden sollen. (Die in anglo-amerikanischen Zeitungen recht häufig zu findenden Sperrungen gar ganzer Zeilen sind dort aber keine Auszeichnung, sondern die übliche, wenn auch höchst unschöne, Art des Ausschließens.)

Ausgleichen, Unterschneiden und Ligaturen

Bei den Überschriften (auch *Rubriken* genannt) sieht es anders aus: Vor allem die Boulevardblätter haben eine unschöne Tradition entwickelt, Überschriften durch Manipulation der Räume (sowie des Duktus' und der Weite der Buchstaben) auf Spalten-

Unterschneiden und Ausgleichen

Das Wort und der Satz
Das Wort und der Satz

Das Wort und der Satz
Das Wort und der Satz

DAS WORT UND DER SATZ
DAS WORT UND DER SATZ

breiten zu »prügeln« – wobei die Möglichkeiten des Fotosatzes dieser Praxis entgegenkommen.

Das optische Ausgleichen der Abstände bei Hand- und Fotosatz stellte – gerade bei Versalsatz – die positive Form des Eingreifens dar. Da hier runde, schräge und senkrechte Linien sowie Serifen und andere Schmuckelemente in unterschiedlichen Kombinationen aufeinandertreffen, genügen die vorgegebenen Abstände meist nicht den Ansprüchen, weil sie zu weit oder zu eng ausfallen. Dann wurden die Abstände individuell korrigiert.

Bei zu großen Abständen, wie etwa bei den Buchstabengruppen LT, Ta, Ve oder ra, half beim Bleisatz meist nur das mühseligere *Unterschneiden* (durch schmaleren Extraguss oder Säge-/Schneidearbeit an den Lettern).

Daneben existierten Ligaturen: Das sind auf einen Kegel gegossene Buchstabenverbindungen. Von ihnen gibt es technische wie fl, fi oder ff sowie, wegen ihres häufigen Vorkommens auch zur Satzerleichterung, sprachliche wie ch und ck. Letztere werden auch *Logotypen* genannt. Auch unser so typisch deutsches »ß« ist eine Ligatur aus dem scharfen (langgestrichenen) »s« und dem weichen (runden) »s« der Frakturschrift.

Beim Fotosatz und beim Digitalsatz bereitet das Ausgleichen kaum Probleme: Die Schriftweite ist beim Fotosatz durch veränderbare Transportstufen des Films beliebig wählbar. Auch das Unterschneiden ist hier problemlos, weil durch Verringerung der Schriftweite die Buchstabenbilder bis aneinanderstoßend oder gar ineinander übergehend belichtet werden können.
Beim Digitalsatz besteht zudem, ähnlich wie beim Setzen mit dem Computer (Desktop-Publishing), die Möglichkeit, die jeweilige Laufweite durch Befehle zu modifizieren.

Satztechniken und -verfahren

Das Setzen, heute überwiegend *Texterfassung* oder *Textherstellung* genannt, ist im Produktionsablauf eines grafischen Betriebes die Stufe, in der ein Text zum Druck vorbereitet wird, indem er in eine Druckform oder eine Zwischenstufe hierzu übertragen wird. Bei manchen Setzverfahren kann der Text auch direkt in seine endgültige Form als Manuskript, Korrekturvorlage oder Archivmaterial gebracht werden, wie etwa bei der Schreibmaschine und dem direkten Computerausdruck.

Man unterscheidet nach zwei Verfahren, dem *Bleisatz* (auch »heißer« oder »schwerer« Satz genannt) und dem *bleilosen Satz* (auch »kalter« oder »schwereloser« Satz). Der Bleisatz definiert sich aus seinem Namen selbst, während das bleilose Verfahren verschiedene Techniken umfaßt; so als wichtigste den *Fotosatz* und den *Digitalsatz.*

Der Bleisatz

Beim überkommenen Bleisatz kannte man zwei Verfahren: den *Handsatz* und den *Maschinensatz.* Seit der Erfindung des maschinellen *Zeilensatzes* zur Erstellung des Mengentextes wurde der Handsatz, zumal bei der Zeitungs- und Zeitschriftenproduktion, im wesentlichen nur noch in zwei Bereichen genutzt, nämlich beim Satz von gestalteten Zeilen/Texten (etwa bei Anzeigen) und beim Satz ab einem gewissen Schriftgrad (meist 14 Punkt).

Für diesen und die folgenden Abschnitte:
Dußler, Sepp / Fritz Kolling: Moderne Satzherstellung, Itzehoe 1985
Gewerkschaft Druck und Papier (Hg.): Satztechnik und Typografie, Band 1–5, Bern 1998–2001
Khazaeli, Cyrus D.: Crashkurs Typo und Layout. Vom Zeilenfall zum Screendesign, Reinbek 2005[3]
Nilitschka, Karl: Papier. Satz. Reproduktion. Druck. Ausrüsten, Stuttgart 1990[2]
Stiebner, Erhard D.: Bruckmanns` Handbuch der Drucktechnik, München 1993[4]
Wolf, Hans-Jürgen: Geschichte der Druckverfahren, Elchingen 2 o.J. (1992)

Der Handsatz

Zum Setzen einer Zeile im Handsatz stellte der Setzer die Lettern der Wörter, die Wortpausen und ggf. die Räume in ein Winkeleisen und schloss sie dann durch Ein- oder Ausbringen aus. Die fertig gesetzten Zeilen gingen dann in die Mettage, wo sie im *Schließrahmen* (auch [Seiten-]Schiff) der vorgesehenen Seite eingestellt wurden. Nach Produktionsschluss wurden die Lettern wieder in dem *Schrift- oder Setzkasten* abgelegt, dem sie entnommen waren: Jeder Setzkasten enthält nur Lettern von einer Schriftart mit einem Schriftschnitt desselben Schriftgrades, daneben Blindmaterial. Die Fächer der Kästen sind nach einer DIN-Norm geordnet, womit das Entnehmen und Ablegen vereinheitlicht wird. Diese Anordnung ist ergonomisch bestimmt:

Schriftkasten für manuellen Bleisatz nach DIN 16 502

A	B	C	D	E	F	G	H	I	K
L	M	N	O	P	Q	R	S	T	U

1	2	3	4	5	6	7	8	9	0	–	J	V	W	X	Y	Z	&
á	â	à	Ä	ß				ä		ö		ü	„"	»«	'	·	†	§
é	ê	è	ë	/		t		u		r		x	y	z	j	()	[]	!	?
í	î	ì	ï	s								v		w		-		:	;
ó	ô	ò	Ö	h		m		i		n		o		1½·	q	·	Aus-schl.	Aus-schl.
ú	û	ù	Ü	l				1·						p		·	Gevierte
æÆ ÉÊ	k	ck	c	a	Aus-schluß	e	d	2·	fi	fl	ft	Quadraten
œŒ çÇ	ch	b						f	ff	g	

61

Die am häufigsten auftretenden Buchstaben befinden sich in großen Fächern in Griffnähe, die weniger häufigen im mittelgrßen Fächern noch in Reichweite und die selten verwendeten und Sonderzeichen in kleinen in den äußeren Bereichen.

Der Maschinensatz

Eine immense Effektivierung des Satzes stellte der Maschinensatz dar. Er basiert auf der von Ottmar Mergenthaler um 1880 entwickelten Matrizensetz- und Zeilengießmaschine, kurz Setzmaschine. Von einem der führenden Hersteller, »Linotype« (aus dem englischen »line of types«), wurde dieser Fabrikationsname für die Maschinenart übernommen. Die wesentlichsten Elemente dieser Apparatur sind eine Klaviatur, ein oder mehrere Magazine mit Schriftbilder tragenden Matrizen, eine Vorrichtung zum Ausschließen und Ausgießen von Zeilen sowie ein System zur Wiederablage der Matrizen nach dem Guss, der durch eine eigene Schmelzeinrichtung ermöglicht wird.

Neben den Matrizensetz- und Zeilengießmaschinen fanden im Bereich des maschinellen Bleisatzes noch die *Schriftgießmaschinen* Verwendung. Diese Einzelbuchstaben-Setz- und Gießmaschinen werden gewöhnlich als *Monotype* bezeichnet, da mit ihnen keine Zeilen im eigentlichen Sinne, sondern einzelne Lettern erzeugt wurden, die ebenfalls durch das Ausgießen von Matrizen entstehen. Die Kapazität rangiert meist zwischen 5 und 72 Punkt, so dass die Monotype neben dem Handsatz etwa für Überschriften herangezogen wurde.

Eine Kombination von Hand- und Maschinensatz war der manuelle *Matrizensatz:* In einen Spezialwinkelhaken wurden manuell besondere Matrizen gestellt und ausgeschlossen. Sodann wurde die Zeile (von 4 bis 144 Punkt) in einer *Ludlow-Zeilengießmaschine* ausgegossen, wobei das Gießen, Kühlen und Ausstoßen der Zeile rund zehn Sekunden dauerte.

Der Fotosatz

Der Fotosatz beruht, der Name sagt es, auf dem Prinzip der Fotografie. Auf einem Schriftstreifen oder, häufiger, auf einer Schriftscheibe (Film oder Glas) befinden sich die – negativen – *Schriftbilder* (Versalien und Gemeine, Satz- und Sonderzeichen).

Wie bei einem Diapositiv durchläuft ein Lichtstrahl von einer Lichtquelle den Buchstaben und projiziert dessen Bild auf Fotomaterial (lichtempfindliches Fotopapier oder lichtempfindliche Filmfolie). Nach dieser *Belichtung* positioniert der Streifen oder die Scheibe das nächste verlangte Zeichen unter einen Kondensator vor der feststehenden Lichtquelle, der Vorgang wiederholt sich. Auf dem Schriftbildträger befindet sich jeweils eine Schriftart in nur einer Größe und nur einem Schnitt: Durch optische Manipulation (Linsensysteme und/oder Zoom) können von dieser Vorlage fast sämtliche Schriftgrade erzeugt werden.

Der Lichtstrahl wird bei den Fotosatzgeräten über einen horizontal beweglichen Spiegel gelenkt, der sich um die entsprechende Buchstabenbreite (Dickte) weiterbewegt und Zeile um Zeile belichtet. Ist das Zeilenende erreicht, wird das Fotomaterial zur Belichtung der folgenden Zeile weitertransportiert *(Zeilenvorschub)*. So erzielt man bei geringstmöglicher Zahl mechanisch beweglicher Teile die größtmögliche Geschwindigkeit bei der Belichtung. Gesteuert wurden die Fotosatzgeräte zunächst manuell, später, je nach Gebrauchsart und Ausstattungsstandard des Nutzers, überwiegend »dialogisch« am Bildschirm.

Der Digitalsatz

Die Technik des Digitalsatzes ist eine Verfeinerung des Fotosatzes (im Tempo, wenn auch noch nicht unbedingt optisch-ästhetisch, wie alte Vertreter der »Schwarzen Kunst« meinen). Sie bietet heute in Verbindung mit dem Ganzseitenumbruch am Bildschirm die Möglichkeit, das schon beinahe klassische Verfahren des Fotosatzes, die Belichtung von Fotomaterial als Vorstufe zur Druckformherstellung, zu verlassen. Als Gemeinsamkeit mit dem Fotosatz bleiben dann nur noch das Belichten und das Licht als Laser- oder Kathodenstrahl. Der digitale Satz wurde (daher) anfänglich auch als Lichtsatz bezeichnet; doch um Begriffsverwirrung zu vermeiden (schließlich bedeutet »Foto« aus dem Griechischen ebenfalls »Licht«) und aufgrund der geänderten Herstellung des Datenmaterials durch Digitalisierung bzw. Programmierung statt optischen Abtastens von Vorlagen hat sich heute der »Digitalsatz« etabliert.

Durch dieses Verfahren konnte man nicht nur die Satz- bzw. Belichtungsgeschwindigkeit nochmals erheblich steigern, sondern auch weiter rationalisieren: Eine ganze Zeitungs- oder Zeitschriftenseite nebst eingescannten und digital gespeicherten Illustrationen und Fotos kann jetzt komplett in Steuerinformationen abgespeichert und belichtet werden (Zeile für Zeile oder in vertikalen Linien über das gesamte Format).

Desktop-Publishing

Desktop-Publishing (eine überzeugende Übersetzung ins Deutsche ist mir noch nicht begegnet), oder kurz DTP, entwickelte sich Mitte der 80er Jahre. Mit dem Auftreten der ersten »Macintosh«-Computer, bei denen Schrift schon auf dem Bildschirm nach dem WYSIWYG-Motto (What You See Is What You Get) »wie gesetzt« aussah, wurde die Gestaltung von Druckwerken am Monitor möglich.

In einem Gestaltungsprogramm – die verbreitetsten sind »InDesign« und »XPress« – werden die Seiten bearbeitet: Aus einem Textverarbeitungsprogramm kann Text, aus einem Mal- oder Zeichenprogramm können Illustrationen, aus einem Scan- oder Bildbearbeitungsprogramm können Fotos »importiert« und an den vorgesehenen Plätzen positioniert werden. ⌨

Drucktechniken und -verfahren

Drucken ist die Wiedergabe textlicher und bildlicher Darstellungen durch Übertragung von *Druckfarbe(n)* oder anderen färbenden Substanzen mittels einer *Druckform* (auch *Druckkörper,* z. B. Rundstereo) auf einen *Druckträger* (wie z.b. Papier) in gewünschter Menge. Die Druckformen bestehen überwiegend aus Metallen, Holz, Tuch oder Stein. Auf ihnen sind die zur Wiedergabe auf den Druckträgern bestimmten Elemente wie Illustrationen oder Schriftbilder enthalten. Ein weiteres Merkmal zur Unterscheidung liegt darin, ob – geschnittene – Bögen oder Rollen bedruckt werden. Schließlich wird danach differenziert, ob die Druckform plan/flach, gebogen oder zylinderförmig ist.

Aus der Vielzahl der Druckverfahren, -techniken und -formen, die im grafischen Gewerbe und im künstlerischen Bereich verwendet werden, sollen an dieser Stelle nur die üblicherweise bei der Herstellung von Zeitungen und Zeitschriften benutzten näher vorgestellt werden. Im Mittelpunkt dieses Kapitels stehen daher Ausführungen zum Hoch-, zum Flach- und zum Tiefdruck. Weitere Druckverfahren seien hier lediglich genannt: *Bromsilberdruck, Durchdruck, elektrostatischer Druck, elektrostatischer Siebdruck, Siebdruck.* Einige Autoren rechnen – mit Abstrichen – auch die Fotografie zu den Druckverfahren.

Die Kriterien, die vor allem die Wahl eines Druckverfahrens bestimmen, sind: Aktualität, Farbbrillanz, Qualität in der Schriftwiedergabe, Qualität von Halbtönen, Preiswürdigkeit des Produktes. So hat sich bei den Tageszeitungen heute der Offsetdruck, bei den Illustrierten der Tiefdruck etabliert.

Für diesen und die folgenden Abschnitte:
Dußler, Sepp / Fritz Kolling: Moderne Satzherstellung, Itzehoe 1985
Nilitschka, Karl: Papier. Satz. Reproduktion. Druck. Ausrüsten, Stuttgart 1990[2]
Stiebner, Eberhardt D.: Bruckmann's Handbuch der Drucktechnik, München 1993[4]

Der Hochdruck

Die bekanntesten Techniken bei diesem Druckverfahren sind der *Buchdruck,* der *Linol-* und der *Holzschnitt* sowie die verschiedenen Ätztechniken. Der Name des Verfahrens stammt daher, dass das Schrift- bzw. Wiedergabebild auf dem Druckkörper erhaben steht. Beim Auftragen der Druckfarbe(n) wird nur dieses eingefärbt, so dass nach dem Druckvorgang auch nur dieses auf dem Druckträger (Papier) zu sehen ist. Die Ausführungen zur Letter (vgl. den Abschnitt »Der Buchstabe«) veranschaulichen, wie die erforderliche Erhabenheit entsteht.

Die wichtigsten hier verwendeten Drucktechniken (leider ebenfalls auch »Verfahren« genannt) sind die *manuellen Pressen* (z. B. die *Kniehebelpresse), der mechanische Tiegeldruck* (ebenfalls eine recht alte Technik), die *Zylinder-Flachform-Pressen* (so die *Stoppzylinderpresse,* die *Eintouren-* und die *Zweitourenpresse)* sowie die *Rotationspressen.*

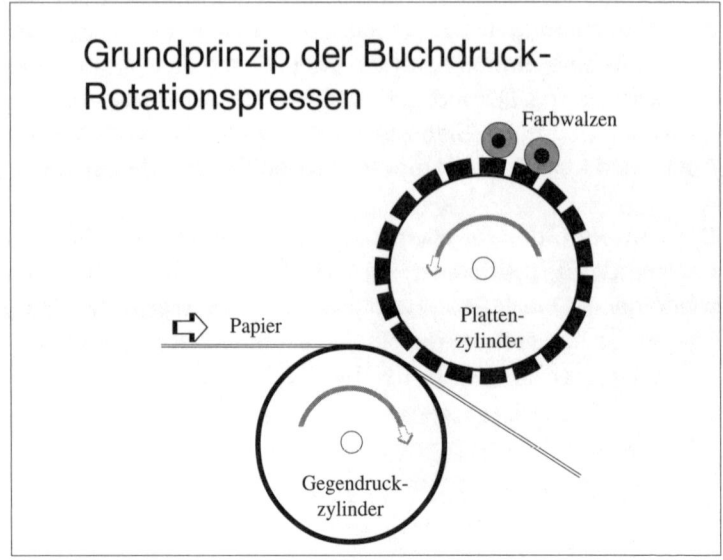

Grundprinzip der Buchdruck-Rotationspressen

Farbwalzen

Papier

Platten-zylinder

Gegendruck-zylinder

Der Druckvorgang: Zunächst werden die erhabenen Schriftbilder des Druckkörpers in der eingerichteten Druckform manuell oder mechanisch eingefärbt. Sodann wird der Druckträger, je nach angewandter Technik als Fläche gegen Fläche, Zylinder gegen Fläche oder Zylinder gegen Zylinder, gegen die Druckform gepresst und das Wiedergabebild, das dort spiegelbildlich ist, seitenrichtig übertragen. Es handelt sich hierbei um ein *direktes Verfahren* mit direktem Druck. Den Vorteilen der relativ schnellen und billigen Druckformherstellung beim Hochdruck steht der Nachteil gegenüber, dass die Form nur vergleichsweise grobe Raster für Halbtöne zulässt und dass die Abnutzung keine hohen Auflagen erlaubt.

Der Tiefdruck

Während beim Hochdruck die Schrift- und Wiedergabebilder erhaben sind, finden wir sie hier im Vergleich zum Niveau des Druckkörpers vertieft wieder. Die Druckfarbe wird beim Tiefdruck-Verfahren weniger aufgedruckt als vielmehr aus ihren Näpfchen und Linien herausgesaugt (ein Umstand, der bestimmte Eigenschaften vom Druckträger verlangt). Man unterscheidet nach zwei Gruppen (aufgrund des Druckvorganges, meist auch identisch mit der Herstellung der Druckkörper): die manuellen und die mechanischen Verfahren. Zu den manuellen Verfahren gehören die *Stiche* (meist Kupfer oder Stahl) und die Radierungen mit verschiedenen Techniken, zu den mechanischen neben der *Heliogravüre,* der Rakel- und der Stich-, der elektrostatische und der autotypische Tiefdruck. Das Druckbild – die künstlerischen Techniken seien hier beiseite gelassen – besteht aus gleich großen, aber unterschiedlich tiefen Rasternäpfchen, die in die Druckform, in der Regel ein Kupferzylinder, (tief-)geätzt wurden.

Beim Rakeltiefdruck durchläuft dieser *Formzylinder* mit seiner Mantelfläche eine Farbwanne. Ein Rakel(-messer) streift dann

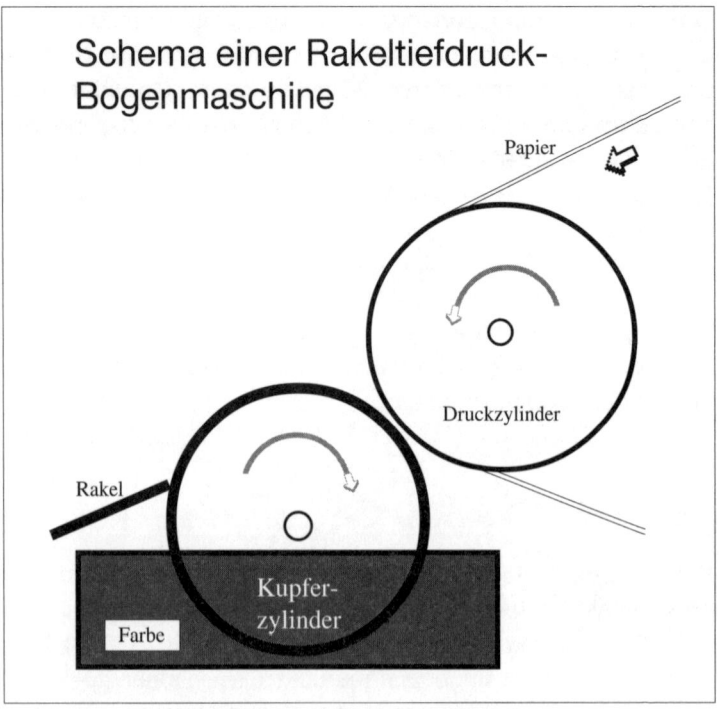

Schema einer Rakeltiefdruck-Bogenmaschine

Papier

Druckzylinder

Rakel

Kupfer-zylinder

Farbe

die überflüssige Farbe von den nichtdruckenden Partien ab. Der Druckträger wird anschließend durch einen Druckzylinder gegen die Form gepresst, wobei er die dünnflüssige Farbe aus den Näpfchen heraussaugt.

Beim Stichtiefdruck wird der Formzylinder nicht durch eine Farbwanne geführt, sondern durch ein Walzenfarbwerk mit pastöser Farbe eingefärbt. Auf den nichtdruckenden Flächen wird die Farbe durch ein Wischwerk entfernt.

Beide Techniken, die etwa gleich verbreitet sind, zählen zu den direkten Druckverfahren. Die Druckbilder müssen hier seitenverkehrt/spiegelbildlich sein. Beim Tiefdruck ist zwar die Formherstellung zeit- und kostenaufwendiger als beim Hochdruck.

Er gestattet jedoch hohe und höchste Druckauflagen ohne Zylinderwechsel und durch die wesentlich feineren Raster eine optimale Wiedergabe von einfarbigen und farbigen Halbtonbildern. Beide Gesichtspunkte sprechen für die Verwendung des Tiefdrucks im Illustrierten- und Zeitschriftenbereich.

Der Flachdruck

Der Name dieses dritten klassischen Druckverfahrens rührt daher, dass druckende und nichtdruckende Flächen sich – von mikroskopischen Dimensionen abgesehen – auf gleichem Niveau befinden. Der Druck wird durch das physikalisch-chemische

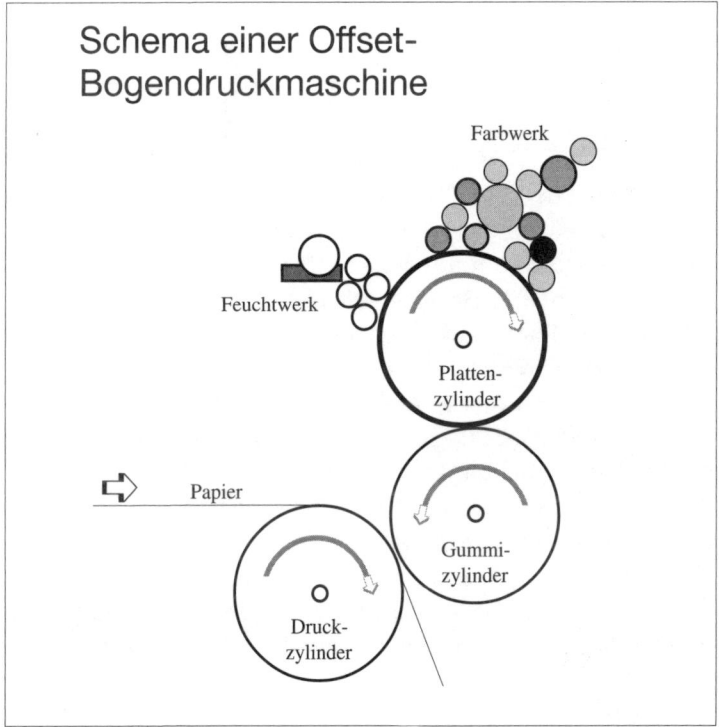

Schema einer Offset-Bogendruckmaschine

Farbwerk

Feuchtwerk

Platten-zylinder

Papier

Gummi-zylinder

Druck-zylinder

Verhalten bestimmter Substanzen ermöglicht: Die druckenden Partien sind derart vorbereitet, dass sie Wasser abstoßen und dabei die fettige Druckfarbe annehmen. Umgekehrt sind die nichtdruckenden Stellen »wasserfreudig« und farbabstoßend.

Die wichtigsten Formen sind der *Steindruck* (als Abdruck der Druckform; dagegen die *Lithografie* als Herstellung der Form), der *Lichtdruck* und der *Offsetdruck*. Steindruck und Lichtdruck werden überwiegend mit Zylinder-Flachform-Pressen gedruckt, Offset per *Bogenrotationspresse* oder *Rollenoffset*.

Der Offsetdruck ist im Gegensatz zum Hoch- und Tiefdruck ein indirektes Druckverfahren: Der Druck wird erst auf ein *Gummituch* oder einen *Gummizylinder* und von dort auf den Druckträger »abgesetzt« (englisch »to set off«). Das Druckbild muss daher auf der Druckform seitenrichtig stehen.
Als Druckformen werden Metallplatten von etwa 0,1–0,6 mm Stärke verwendet. Bei einmetallischen Platten sind Zink oder Aluminium gebräuchlich. Bimetallplatten bestehen aus wasserführendem Stahl mit einer farbführenden Kupferschicht. Bei Trimetallplatten dient Stahlblech als Träger einer Kupfer- und einer darüberliegenden wasserführenden Chromschicht.
Das Druckbild wird fotomechanisch auf die Platte übertragen und dann eingeätzt. Bei einer Offset-Bogendruckmaschine etwa wird die Platte auf einen Zylinder gespannt, Farb- und Feuchtwalzen übertragen sodann Druckfarbe und Feuchtigkeit auf die Platte. Von hier wird die Farbe zunächst auf einen Gummi(tuch)zylinder, von diesem auf den durch einen Druckzylinder angepreßten Druckträger übertragen.
Der Offsetdruck hat sich, mit Ausnahme der Herstellung von Publikumszeitschriften, Illustrierten und hochwertigen Büchern, in allen Bereichen und namentlich bei den Tages- und Wochenzeitungen als führend durchgesetzt, zumal er besonders gut mit den elektronischen Redaktionssystemen »harmoniert«.

Der Laserdruck

Dieses Druckverfahren dient vor allem beim Desktop-Publishing zur Begutachtung des Produktes vor dem Ausbelichten oder als Endprodukt bei geringeren Ansprüchen. Der Druckvorgang erfolgt vereinfacht derart: Die binären Informationen einer Datei, die den Bildschirmaufbau besorgen (d.h. den Kathodenstrahl kontrollieren), steuern nach Vergabe des Druckbefehls einen Laserstrahl (bzw. dessen Verschluss). Im Drucker rotiert eine Walze, die zeilenweise von dem Strahl begleitet wird. An den entsprechenden Bildpunkten (dots), die ein positiver/schwarzer/farbiger Bestandteil eines Buchstabens oder einer Illustration sind, trifft der Strahl auf die Walze. Die Anzahl der Punkte, d.h. die Auflösung des Druckers, wird in dpi (dots per inch, Punkte pro Zoll) angegeben und beträgt bei den handelsüblichen Druckern 600, 1.200 oder gar 2.400 dpi, also 360.000, 1.440.000 oder 5.760.000 Punkte pro Quadratzoll.

Wo der Laserstrahl auf die Walze (korrekt: *Fotoleitertrommel)* trifft, entlädt sich deren Oberfläche. Beim weiteren Rotieren trifft die Walze auf eine Kartusche mit geladenem Farbpulver *(Toner),* das an den »belichteten« Punkten haften bleibt. Unter Druck und Wärme wird das Pulver sodann auf das Papier gewalzt.

Beim Digitaldruck handelt es sich nicht um ein gesondertes Druckverfahren; der Ausdruck wird vielmehr alternativ oder kollektiv benutzt, wenn eine vom Computer gestützte oder gesteuerte Ausgabe vorliegt: Das Wesentliche ist, dass das Druckbild direkt vom Rechner zum Ausgabegerät (z.B. Druckmaschine, Tintenstrahl- oder Laserdrucker) übertragen wird. ⌨

Die Reprografie

In der Reprografie (früher: *Chemigrafie)* wurden die Fotografien und Strichzeichnungen umgesetzt sowie der Druck mit mehreren Farben vorbereitet. Zeitungen und Zeitschriften (besonders die Illustrierten) verwenden neben dem Text als Gestaltungselement Fotografien, Zeichnungen, Karikaturen sowie Karten, Schaubilder und Infografiken. Sie dienen der Auflockerung bei der optischen Präsentation der Seite, daneben redaktionell-inhaltlich als illustrative Ergänzung oder zur Darstellung von Sachverhalten und Ereignissen, die sich nicht oder nur mühsam in Worte kleiden lassen. Schließlich betonen gerade Fotos den authentischen Charakter einer Information oder stellen, wie bei Fotoreportagen, das eigentliche Stoffangebot dar.

Woher auch immer aus der Vielzahl möglicher Quellen: Dem Redakteur (in manchen Redaktionen auch speziellen Bildredakteuren oder Layoutern) lag ein Foto oder Kontaktabzug vor, zu dessen Verwendung man sich entschlossen hat.

Sodann wurde über den Stand des Bildes oder eines zu bestimmenden Ausschnitts daraus auf der Seite befunden (Höhenangabe in Millimetern, Breite nach Spalte[n] oder in Cicero) und – in der Regel als Muss! – die *Bildzeile/Bildunterschrift* formuliert. Das klassische *Pressefoto* war – sofern kein Farbdruck möglich oder vorgesehen – schwarz-weiß mit guten Kontrasten (möglichst wenigen *Graustufen* oder Halb- und Zwischentönen) im Format 21,5 x 16,5 cm. Auf der Rückseite sollten sich einige erläuternde Angaben und ein Copyright-Vermerk befinden.

Die nächste Station des Fotos war die Reprografie. Hier wurde es als Vorlage zur Wiedergabe im Druck auf das vorgegebene Format gebracht und gerastert. Für den Hoch- und den Tiefdruck entstand ein *Klischee* mit eingeätzter bzw. gravierter Bildwiedergabe *(Autotypie),* für das Offsetverfahren ein Filmnegativ *(Lithografie)*, kurz »Litho« (wörtlich »Steinzeichnung« von der entstehungsgeschichtlichen Vorstufe des Offsetdrucks). Da es in der Reprografie sehr unterschiedliche Techniken und Arbeitsabläufe gab, seien hier nur die Grundprinzipien aufgezeigt.

Halbtöne und Strichvorlagen

Die Wiedergabe eines Fotos mit seinen Halb- und Zwischentönen *(Grauwerten)* oder seiner farblichen Zusammensetzung in Zeitungen und Zeitschriften beruht auf einer optischen Täuschung des menschlichen Auges: Bei genauerem Hinsehen wird man feststellen, dass jedes abgedruckte Foto aus unzähligen *Rasterpunkten* besteht, deren Zahl und Größe von dem verwendeten Raster abhängen. Je nach Anspruch, Druckart

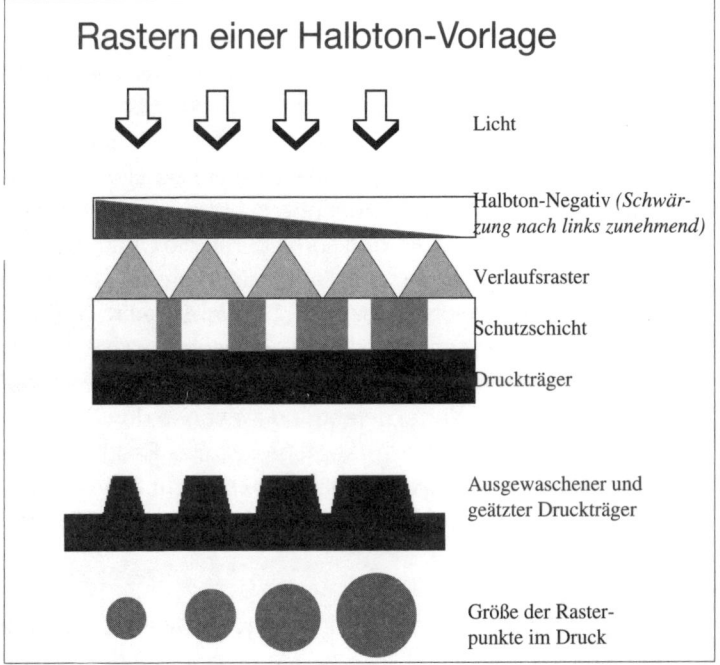

Rastern einer Halbton-Vorlage

Licht

Halbton-Negativ *(Schwärzung nach links zunehmend)*

Verlaufsraster

Schutzschicht

Druckträger

Ausgewaschener und geätzter Druckträger

Größe der Rasterpunkte im Druck

und vor allem der Papierqualität wurde ein 20er, 24er, 34er, 40er, 48er, 54er, 60er oder 70er Raster verwendet. Die Zahlen sind die der Rasterlinien je Zentimeter: Bis 33 spricht man von *Grobraster*, bis 54 von *Mittelraster*, ab 60 von *Feinraster*. Aus der jeweiligen Rasterlineatur ergibt sich die Zahl der Rasterpunkte je cm^2 (z.B. 625 Punkte/cm^2 bei 25 Linien oder 3.600 bei 60 Linien). Die relative Größe der Punkte zueinander nebst den Zwischenräumen gaukelt dem Auge unterschiedliche Hell-dunkel-Werte vor. Ähnliches geschieht durch das Nebeneinander von Punkten mit unterschiedlichen Grundfarben, die für das Auge zu Mischfarben »verschwimmen«.

Vom Papierfoto als Halbtonvorlage wurde zunächst in einer Reproduktionskamera ein Halbton-*Filmnegativ* gefertigt (nur in wenigen Fällen, zumal bei Agenturmaterial, lag ja ein Original-negativ vor). Hierbei konnten bereits das gewünschte Format und der Bildausschnitt berücksichtigt werden.

Anschließend wurde das gewonnene Halbton-Negativ durch einen (Verlaufs-)Raster auf die lichtempfindliche Schutzschicht des Druckträgers (Metall- oder Kunststoffplatte) übertragen. Die Schicht wird überall dort gehärtet, wo die zur Härtung notwendige Lichtmenge erreicht oder überschritten wird. Die *Grautöne* der Halbtonvorlage werden somit durch die Charakteristik des Verlaufsrasters als mehr oder weniger große, gehärtete Punkte der Schutzschicht dargestellt. Die nicht gehärteten Teile der Schicht wurden anschließend ausgewaschen. Danach wurde der Druckträger in ein Säurebad (Metallplatte) oder Lösungs-mittelbad (Kunststoffplatte) gelegt und zwischen den Punkten, an denen die gehärtete Schicht liegt, geätzt. Das Resultat ist für den Hochdruck ein Druckträger, auf dem die druckenden Stellen nach Ablösung der nun nicht mehr benötigten Schutz-schicht erhaben sind.

Für den Tiefdruck gilt prinzipiell das umgekehrte Verfahren. Die zu druckenden Elemente auf der Platte erscheinen vertieft.

Überwiegend wurde jedoch hier eine – elektronische – *Klischee-gravur* eingesetzt: Die Vorlage wird durch einen Lichtstrahl abgetastet, eine Fotozelle reagiert auf die stärkere oder geringere Reflexion der Helligkeitswerte und provoziert stärkere oder schwächere Stromstöße, die den Stichel eines angeschlossenen Gravurkopfes steuern. Die breiteren (verstärkter Druck) oder spitzeren (gebremster Druck) Löcher des Stichels in der Metall- oder Kunststoffplatte entsprechen den Zwischenräumen der Rasterpunkte.

Beim Offsetdruck wurde in der *Repro-Kamera* das Halbton-Negativ durch ein Raster aufgenommen und in das Ganzseitennegativ einmontiert. Bei der Belichtung der Platte erfolgte bei den »Fotopartien« der Seite die oben geschilderte Härtung und Auswaschung.

Für den Abdruck von Strichvorlagen wie Karikaturen und grafischen Darstellungen gilt das zum Foto Gesagte, nur dass hier durch Abwesenheit von Halbtönen das Rastern entfällt, die Klischeeherstellung also weniger aufwendig war.

Scannen

Heute werden bei der Bildherstellung überwiegend elektronische Scanner verwendet: Eine Lampe in einem Abtastkopf be- oder durchleuchtet die Vorlage. Die Strahlen werden durch ein optisches System und mehrere Spiegel zu einem »Multiplier« geleitet, der die unterschiedliche Lichtintensität in elektrische Spannung umwandelt und zu einem Schreibkopf führt. Dessen Lampe belichtet einen Film oder eine Platte. Die abgetasteten Signale werden in binäre Codes umgesetzt, die auf einem Bildschirm das Bild erzeugen (etwa bei Ganzseiten-Umbruch oder Desktop-Publishing). Auf dem Bildschirm kann, wenn nicht bereits beim Scannen erfolgt, das Bild bearbeitet werden (vergrößern, verkleinern, beschneiden). Dieselben Codes, die zunächst den Bildaufbau erzeugten, steuern ebenfalls den Druck (etwa auf einem Laserdrucker) oder die Belichtung. Heutige Scanner können auch Farbvorlagen in einem Durchgang abtasten.

Auch auf der fotografischen Seite hat die Elektronisierung eingesetzt: In der digitalen Kamera befindet sich kein Film mehr, sondern eine Diskette oder ein einer Computer-Festplatte ähnlicher Datenträger (»Karten«), welche das »Bild«, also die in binäre Informationen umgesetzten Lichtwerte, aufnehmen. Die »belichtete« Diskette/Festplatte wird in den Computer gegeben, die einzelnen Bilddateien können auf den Monitor gerufen und bearbeitet werden. Die Fotografen haben Anlass zur Klage: Bei dieser Technik gibt es keine Originalfotos mehr (nicht nur ein Copyright-Problem), der nicht nachvollzieh- oder beweisbaren Manipulation sind Tür und Tor geöffnet.

Auch die Nachrichten- und Fotoagenturen bieten ihr Material auf elektronischem Wege als Übersichten an. Wenn die Redaktion einer Zeitung oder Zeitschrift sich für die Verwendung eines Fotos entschieden hat, kann sie es on-line in ihr System übertragen.

Der Druck mit Farben

Auch für den mehrfarbigen Druck ist das Rastern der entscheidende Punkt. Grundprinzip ist, eine bunte Vorlage in verschiedene *Farbauszüge* zu zerlegen, diese zu rastern oder zu scannen und anschließend in mehreren Druckvorgängen wieder zusammenzusetzen.

Die Zäpfchen des menschlichen Auges reagieren auf die Lichtreize der drei *Grundfarben* (auch *Haupt-, Erst-* oder *Primärfarben)* Rot, Grün und Blau. Beim Mischen dieser Farbreize können rund 5 Millionen Farbnuancen unterschieden werden (weshalb die Werbung für Bildschirme »mit 16,3 Millionen Farben« eigentlich ziemlich unsinnig ist). Man spricht von einer »additiven Farbmischung« (Mischen von *Lichtfarben):* Werden die drei spektralen Hauptfarben übereinanderprojiziert, addieren sie sich zu Weiß. Die Lichtkegel zweier Primärfarben übereinander lassen eine *Zweit-* oder *Sekundärfarbe* entstehen, die mit der dritten Grundfarbe wiederum Weiß ergibt. Diese Farben stehen komplementär (ergänzend) zueinander.

Im Druckbereich haben wir es nicht mit Licht-, sondern mit *Körperfarben* zu tun sowie mit einer »subtraktiven Farbmischung« (Mischen von Körperfarben). Die Grundfarben hier sind Gelb, Magenta (Purpur) und Cyan (Blaugrün), die übereinandergelegt Schwarz ergeben. Auch zwei primäre Körperfarben ergeben zusammen eine Zweitfarbe, die sich mit der übrigen Grundfarbe zu – Schwarz vereint (komplementär). Eine Körperfarbe wird erst dann sichtbar, wenn Licht auf sie fällt. Wenn nun etwa weißes Licht, also die Addition von rotem, blauem und grünem Licht, auf einen roten Körper fällt, so verschluckt er den grünen und den blauen Anteil des weißen Lichts und reflektiert den roten: Der Körper erscheint rot. Ebenso wirkt ein Filter; nur, dass die jeweilige Komplementärfarbe im Filter verwendet wird, wenn man die unerwünschten Farbstrahlen zurückhalten will. In der Druckindustrie sind die Komplementärpaare Magenta–Grün, Cyan–Rot und Gelb–Blau.

Von einer mehrfarbigen Vorlage werden zum Druck vermittels der entsprechenden Filter der Cyan-, der Magenta- und der Gelbauszug gewonnen und gerastert bzw. gescannt. Hinzu kommt der Schwarzauszug mit seinen »unbunten Farben« (das sind die Werte der Grauskala). Die Rasterpunkte der Auszüge haben somit jeweils unterschiedliche Positionen. Werden sie nun nacheinander in der Reihenfolge Cyan, Gelb, Magenta und Schwarz übereinandergedruckt, entsteht ein vier- (man spricht dann von 4C [C für Colour, engl. Farbe]) und durch die genannte optische Täuschung ein vielfarbiges Bild für das Auge des

Betrachters. Es ist deutlich, dass auf äußerste Paßssgenauig-keit der vier Druckträger zu achten ist.

Bei der Bildbearbeitung am Monitor ist zu beachten, dass zwei *»Farbräume«* zur Verfügung stehen: RGB und CMYK. Die erste Abkürzung steht für die drei o.a. Grundfarben Rot, Grün und Blau, auf denen die Farbgebung der Monitorröhre mit ihren Lichfarben beruht. Für den Druck hingegen muss nach der Bild-bearbeitung (die meisten Grafiker und Fotografen arbeiten im RGB-Raum) das Bild im CMYK-Raum abespeichert werden: dies sorgt automatisch für die Zerlegung in die vier Farbauszüge Cyan–Magenta–Yellow–Key (manche benennen für das »K« jenes im englischen bla*c*k oder im deutschen *K*ontrast). 🖥

Layout und Umbruch

Einführung

Die »gedankliche« Gestaltung (Layout) und die »technische« Gestaltung (Umbruch) bestimmen das Gesicht einer Zeitung oder Zeitschrift. Beide Begriffe werden häufig synonym verwendet, wohingegen hier und im folgenden der guten Ordnung halber diese Unterscheidung getroffen wird: Unter *Layout* zu verstehen ist die Planung einer Seite, einer Strecke (zusammengehörige oder inhaltlich, z.T. auch technisch zusammenhängende Seiten) oder einer gesamten Publikation, unter *Umbruch* die Tätigkeit in der Mettage, der Montage oder am Ganzseitenbildschirm. Begrifflich verwirrend kann dabei wirken, dass das Layout einer Druckschrift gewissen Umbruchrastern und -prinzipien unterliegt.

Gelegentlich hierzulande und häufig im angelsächsischen Sprachraum stößt man auf den Begriff »Text-Design«, der jedoch – zumindest für mich – einen negativen Beigeschmack hat; denn unter ihm ist ein Trend zu verstehen, der dem Optischen vor dem Inhalt den Vorrang einräumt.
Das Layout aber ist, im guten Verständnis, eine Kombination von Form und Inhalt bei der Präsentation des angebotenen Stoffes.

Die vier Komponenten des Layouts:
1. der Umfang, also etwa die Größe des Fotos oder die Menge des Textes;
2. die typografische Gestaltung wie z.B. Schriftgrad und -schnitt oder die Verwendung von Farbe oder anderen typografischen Elementen;
3. die Platzierung auf der Seite;
4. die Bestimmung, auf welcher Seite.

Durch die Anwendung dieser vier Faktoren signalisiert das Blatt vor dem Hintergrund seiner grundsätzlichen publizistischen Haltung dem Leser den Stellenwert, der jedem einzelnen Beitrag im Rahmen der Nachrichten- und Materiallage zugemessen wurde.

Das war nicht immer so. Wer sich die Zeitungen bis weit über die Mitte des 19. Jahrhunderts anschaut, wird feststellen, dass – abgesehen von der unterschiedlichen Länge und der nötigen Entscheidung, auf welcher Seite ein Text abgedruckt wurde – von Layout im hier angesprochenen Sinne keine Rede war: Entweder liefen die Beiträge nach Reihenfolge des Eingangs schlicht hintereinander weg; oder sie hingen, bei mehrspaltiger Aufmachung, mit gleichwertiger Überschrift voran einspaltig nebeneinander wie Handtücher auf der Wäscheleine.

Erst das Entstehen der *Richtungs-* und *Gesinnungspresse,* gepaart mit der Entwicklung bei Typografie und Drucktechnik, sorgte für das Aufkommen des Layouts. Wobei nicht verkannt werden soll, dass neben den inhaltlichen auch gestalterische oder ästhetische Gesichtspunkte eine Rolle spielten und spie-

Historisches Layout

Die Beiträge, hier am Beispiel der Londoner *Times,* wurden nahezu gleichförmig und gleichrangig neben- und untereinander in die Seite gestellt.

len, ja, bei einer – vorgeblich – gesinnungsneutralen Presse gar in den Vordergrund rückten (Stichwort Boulevardpresse).

Das (Papier-)Format einer Druckschrift ist die wohl wichtigste Beziehungsgröße für den *Umbruchraster,* denn es bestimmt nicht nur die Fläche einer Seite, sondern auch die sinnvoll zu wählende Zahl der Spalten, die wiederum eng mit dem Schriftgrad der Grundschrift korreliert (vgl. Abschnitt »Das Wort und die Zeile«). Bei den Zeitschriften hat sich, von Sondergrößen abgesehen, ein *Magazinformat* (etwas größer als DIN A 4) etabliert, so dass hier zwei bisvier Spalten anzutreffen sind.

Die Zeitungen in der Bundesrepublik haben seit den 60er Jahren (und ebenfalls DIN-geregelt) eine von drei Formatgrößen: das *Berliner* (47 x 31,5 cm), das *Hamburger oder Nordische* (57 x 40 cm) und das *Rheinische* Format (53 x 37,5 cm). Hinzugetreten ist Mitte der 90er Jahre das *Tabloid* (auch *Halbnordisches,* 31,5 x 23,5 cm, vgl. den Abschnitt ab Seite 197). Die Spaltengliederung schwankt zwischen drei und sieben, jedoch sind fünf oder sechs Spalten am häufigsten.

Den Leser reizen

Wohl jeder Mensch glaubt, er könne sich bei der Lektüre von Zeitungen oder Zeitschriften bzw. bei der Auswahl des Angebots auf den Seiten frei entscheiden. Doch dem ist nicht so. Das menschliche Verhalten wird von einer Reihe innerer und äußerer Faktoren (Reize) in gewissem Rahmen gesteuert. Gerade die Werbefachleute haben hier ein raffiniertes Instrumentarium entwickelt. Eine ihrer Grundlagen ist das Modell *AIDA.* Dieses Akronym steht für die bei einer Werbebotschaft erwünschte Abfolge Attention–Interest–Desire–Action (Aufmerksamkeit–Interesse–Begehren–Handlung) beim Konsumenten.

Das Layout seinerseits soll einmal den Leser durch die Seite bzw. den Stoff führen. Zum anderen auf bestimmte Beiträge hinweisen, die die Redaktion als besonders wichtig erachtet (bei der Werbung das einzige Anliegen). Hierzu soll eine dem ersten AIDA-Faktor Attention vorausgehende »Kette« ausgelöst werden: Reiz – (erhöhte) Aktivierung – Aufmerksamkeit. Die Reize werden in drei Gruppen zusammengefaßt:

Emotionale Reize. Sie sind ein fast traditionelles Instrument zur Erregung von Aufmerksamkeit. Klassische Sujets sind die Erotik, der »sympathische Teil« der Tierwelt, das »Kindchenschema« sowie mit Abstrichen Nationalismen.

Die erotischen Reize, die sexuelle Motive ansprechen, erscheinen für eine gezielte Aktivierung besonders geeignet, da sie sich kaum abnutzen, immer neu wirken und fast alle Zielgruppen ansprechen. Ihre Gefahr ist, dass sie zu einem besonderen Verlust an Sachlichkeit führen.

Das »Kindchenschema« löst, vor allem bei (jüngeren) Frauen, gefühlsmäßige Reaktionen und Instinkte aus. Gemeint ist das Klischee vom kleinen Kind mit seinen Kulleraugen, den kurzen dicken Ärmchen, dem großen runden Kopf etc.

Einen ähnlichen Effekt rufen die »positiven« Tiere (z.B. Hunde, Katzen, Rehe) hervor, der noch verstärkt wird, wenn es sich, siehe oben, um junge Tiere handelt.

Bei nicht wenigen Lesern erwecken schließlich nationale oder heimatliche Darstellungen und Begriffe (wie Flaggen, die Nennung Deutschlands oder regionale Wahrzeichen) Emotionen.

Zwar lassen sich die emotionalen Reize besonders durch bildliche Darstellungen hervorrufen, doch auch Texte können auf diese Ebene zielen. Als ironische und ziemlich unschlagbare Spitze wird in der Branche diese »Schlagzeile« gehandelt: `Weinender Deutscher Schäferhund leckt Inge Meysel den Brustkrebs weg.`

Physische Reize: Gemeint sind die Wirkungen von Größe, Farbe, Helligkeit, »Lautstärke« usw. der Darstellung/Präsentation, die die Aufnahme(bereitschaft) des Lesers beeinflussen können.

Gedankliche Reize. Ihnen liegen Widersprüche, gedankliche Konflikte oder überraschende Aussagen in Wort oder Bild zugrunde, bei denen der Leser vor eine Aufgabe gestellt wird (etwa die Überschrift Rübe zum Reden gebracht, wenn der Straftäter Josef Rübe ein Geständnis abgelegt hat). Gelungene Wortschöpfungen oder Schreibweisen wie schreIBMaschine lösen solche Reize ebenfalls aus. Zum Arsenal gehören hier zudem Reiz- oder Schlagworte im weiteren Sinne, wie Krieg, Krise oder Streik. Bei den gedanklichen Reizen gilt jedoch bei weitem mehr als bei den anderen, dass sie bei unterschiedlichen Ziel- und Lesergruppen durchaus unterschiedlich, oder auch gar nicht, wirken, da hier Faktoren wie politischer Standort oder Sprachkompetenz eine Rolle spielen können.

Das Drei-Speicher-Modell. Nehmen wir an, die Reiz-Reaktions-Kette ist erfolgreich in Gang gesetzt worden. Nun geht es darum, ob und wie der Leser die angebotene Information aufnimmt und verarbeitet. Zur Erklärung der Vorgänge im Hirn dient ein »Drei-Speicher-Modell«:
Zunächst gelangt die über das Auge aufgenommene Information in einen ersten Speicher. Dieser hat eine rein passive Funktion und hält alles Eingehende bis maximal eine Sekunde fest. Ein geringer Teil hiervon wird in den zweiten, den Kurzzeitspeicher, transportiert. Die Masse wird gelöscht, da die Bearbeitungs- und Speicherkapazität des Kurzzeitspeichers stark begrenzt ist. Danach wird der Neueingang mit bereits vorliegenden Informationen verglichen, verknüpft oder ausgetauscht. Diese stammen aus dem dritten, dem Langzeitspeicher, in dem das nun Neue gelagert wird und das wiederum einem ähnlichen Prozess unterliegt:
Vor diesem dritten Speicher bildet sich eine »Warteschlange« mit einem ständigen Kampf um die vorderen Plätze. Denn von hinten rückt pausenlos Information nach, die Gefahr der Löschung droht. Dabei ist die Aussicht auf einen Speicherplatz desto größer, je mehr Energie, d.h. Aktivierungskraft, eine Information aufzuweisen hat. Wenn diese schwach ist, etwa durch

Umbruchprinzipien: Treppenumbruch und Blockumbruch

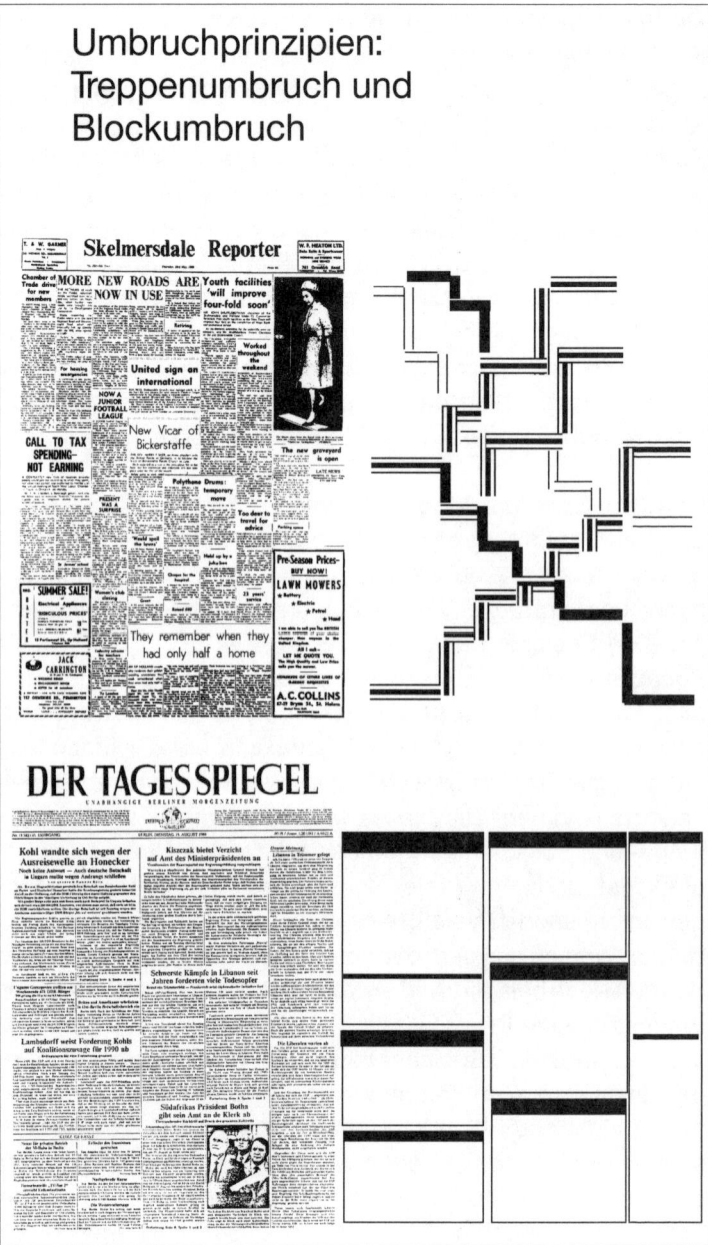

Seitengestaltung...

...wie sie kaum extremer
sein kann. Wohlgemerkt:
Die Schweizer *NZZ* und
die polnische *sztandar ludu*
gehörten zum selben
Zeitungstypus!

eine langweilige, lieb- und reizlose Aufmachung, ist die Karriere
der Information bereits im Kurzzeitspeicher beendet.

Die Umbruchprinzipien

Der Treppenumbruch galt jahrzehntelang als das »klassische«
Umbruchprinzip bei Zeitungen. Er gewann seinen Namen erkennbar daraus, dass die Überschriften der Artikel auf einer
Normalseite (also etwa Nachrichten oder Lokales mit durch-
schnittlich 12 bis 15 typografischen Elementen, neudeutsch
»items«) wie die Stufen sich kreuzender Treppen wirken. Dies
bedingt bei einem mehrspaltigen Artikel mindestens einen *hängenden Schenkel,* d.h., dass eine seiner Spalten länger ist als

die übrigen, damit die Stufung möglich wird. Für dieses Prinzip ist die Zahl der Spalten (ab drei) relativ belanglos, da es aus sich heraus nie statisch erscheint (ordentliche Arbeit vorausgesetzt). Der Treppenumbruch verlangt grundsätzlich eine exakte Planung der Beiträge und ein durchdachtes, stimmiges Layout vor der technischen Produktion, weil er sonst in einen chaotischen »Schaufelumbruch« (die Seite wird mit Material zugeworfen) überzugehen droht.

Der Blockumbruch begann seinen Siegeszug mit der Einführung des Fotosatzes. Er heißt Blockumbruch, weil die einzelnen – mehrspaltigen – Artikel wie ein Quadrat oder Rechteck abgesetzt sind, also gleich lange Schenkel haben, und auch in Gruppen oder Verschränkungen zusammen diese Formen bilden. Da die Blöcke in sich statisch wirken, ist die Zahl der Spalten nicht ganz unerheblich und sollte fünf nicht unterschreiten.

Nun gibt es Verfechter von »Schulen«: solche, die fünf Spalten mit zwei- und daneben dreispaltigen Blöcken vertreten; jene, die fünf Spalten mit rechts und links jeweils zweispaltigen Blöcken und in der Mitte einen durchgehenden einspaltigen *Kamin* (wegen der sprossenartigen Anordnung der Überschriften auch *Leiter* genannt) bevorzugen, usw. Mit anderen Worten: Advokaten der totalen Symmetrie gegen Freunde der Ungleichgewichtigkeit. Alle eint die *vertikale* Orientierung.

Daneben steht der horizontale Blockumbruch, der die Seite in drei oder mehr waagerechte, rechteckige Blöcke unterteilt, wobei deren interne Anordnung wiederum unterschiedlich organisiert sein kann. Allmählich gaben einige Redaktionen den absoluten Blockumbruch wieder auf, weil sie erkannt hatten, dass dies nicht die einzige Möglichkeit des Foto- wie des Digitalsatzes ist (wie zuvor angenommen oder ihnen weisgemacht). Die Manipulationsmöglichkeiten dieser Satztechniken (etwa die stufenlose Änderung des Schriftgrades oder des Durchschusses) erleichtern vielmehr die layouterische Planung.

Welches Umbruchprinzip und welcher Umbruchraster auch gewählt werden, was immer sich im Rahmen des Satzspiegels in den Spalten (auch als Kolumnen bezeichnet) abspielt, es ist von Redaktion zu Redaktion, von Zeitung zu Zeitung und vor allem von Zeitschrift zu Zeitschrift anders. Das liegt vor allem daran, dass Personen mit unterschiedlichem Hintergrund für das Layout verantwortlich sind:

Es können dies sein: »gelernte« Journalisten (die ihr Wissen wiederum von Journalisten haben, die wiederum...); Redaktionstechniker, die aus der typografischen Branche stammen; Grafiker oder Grafikdesigner mit entsprechender Ausbildung. Allen gemeinsam ist nur, dass sie ihre spezifischen Schwerpunkte haben; dass ihnen meist ein ganzheitliches Verständnis (Form *und* Inhalt) fehlt; dass sie zur Betonung »ihres« Metiers neigen.

Hinzu treten natürlich die verschiedenen Rahmenbedingungen der Redaktionen oder Verlage hinsichtlich technischer, finanzieller und personeller Ausstattung sowie der jeweilige Anspruch an das Produkt, der selbstverständlich bei einem Hochglanz-Zeitgeist-Magazin ein anderer ist als bei der Mittwochsausgabe einer Tageszeitung. Weiter sind die künstlerischen und ästhetischen Faktoren zu berücksichtigen, die das Layout zu einem Gebiet machen, auf dem sich trefflich streiten lässt.

Für diesen und die folgenden Abschnitte:

Dorn, Raymond: How to Design and Improve Magazine Layouts, Chicago 1986[2]

Evans, Harold: Editing and Design, Book 5: Newspaper Design, London 1976[2] repr. 1982

Hurlburt, Allen: Layout: The design and the printed page, London 1989[2]

ders.: The grid, London 1982

Khazaeli, Cyrus D.: Crashkurs Typo und Layout. Vom Zeilenfall zum Screendesign, Reinbek 2005[3]

Pawletko, Petra: Layouten, München 1992

Turtschi, Ralf: Praktische Typografie. Gestalten mit dem Personal Computer, Sulgen (CH), 1995[2]

White, Jan V.: Designing for magazines, New York/London 1982[2]

Willberg, Hans Peter / Forssman, Friedrich: Lesetypo, Mainz 2005[2]

Schusterjunge und Hurenkind

Berühmte Beispiele sind die *Schusterjungen* und Hurenkinder, die einmal als absolute Tabus galten: Es verletzte den Typografenstolz, wenn eine Spalte *mit der eingezogenen ersten Zeile eines neuen Absatzes endete.*

Es musste derart umbrochen werden, ggf. durch Kürzung oder Erweiterung des Textes, dass mindestens zwei, besser noch drei Zeilen als Absatzende oder -anfang am Fuß oder Kopf der Spalte stehen. Ein Blick in eine beliebige Zeitung zeigt, dass dieses Gesetz aufgehoben ist. Die Aufhebung gilt jedoch heute als hinnehmbar, da Zei-

Berühmte Beispiele sind die *Hurenkinder* und Schusterjungen, die einmal als absolute Tabus galten: Es verletzte den Typografenstolz, *wenn eine Spalte mit der Schlußsszeile*

eines Absatzes begann.

Es mußte derart umbrochen werden, ggf. durch Kürzung oder Erweiterung des Textes, dass zumindest zwei, besser noch drei Zeilen als Absatzan-

Standards und Regeln

Dennoch gibt es eine Reihe von – meist typografischen – Standards und Regeln, die Allgemeingültigkeit haben, wenngleich sie mit der allmählichen Verdrängung der »Schwarzen Kunst« durch die neuen Techniken und Personal mit anderen Zugangsvoraussetzungen allmählich auszusterben drohen.

Hurenkinder und Schusterjungen, die einmal als absolute Tabus galten, sind berühmte Beispiele für solche Regeln: Es verletzte den Typografenstolz, wenn eine Spalte mit der Schlußzeile eines Absatzes begann bzw. mit der ersten Zeile eines neuen Absatzes endete (vgl. oben). Es musste derart umbrochen werden, ggf. durch Kürzung oder Erweiterung des Textes, dass mindestens zwei, besser drei Zeilen als Absatzende oder -anfang am Fuß oder Kopf der Spalte stehen. Ein Blick in eine beliebige Zeitung zeigt, dass dieses Gesetz weitgehend aufgehoben ist (zumindest, wo Software dies nicht verhindert).

Dass Überschriften nicht nebeneinander stehen, diese alte Regel ist nachgerade zur Wallstatt von Positionskämpfen geworden. Sehen manche einen Kompromiss darin, dass nebeneinander stehende Überschriften (neudeutsch »Headlines«) unbedingt verschiedenartig sein müssen (Schriftgrad, Spalten- oder Zeilenzahl), so sind etwa die Befürworter des symmetrischen Blockumbruchs der Auffassung, jene müssten absolut gleichartig sein.

Gut umbrochen ist, was sich gut ausschneiden lässt. Diese Faustformel ist noch immer unbestritten. Daher ist die Platzierung von Illustrationen und Kästen – zumal, wenn sie mehrspaltig sind – besonders zu beachten: Die Spalten eines Beitrages sollen nicht unnötig unterbrochen, der Lesefluss nicht gestört werden.

Die als wichtiger erachteten Beiträge haben auf der oberen Hälfte der Seite zu stehen (dies gilt insbesondere für die erste Seite einer Zeitung sowie für die jeweils erste Seite der Ressorts). Eine Erweiterung dieses erhalten gebliebenen Axioms der Seitengestaltung besagt, dass das Wichtigste oben links, das etwas weniger Wichtige oben rechts, das Drittrangige unten links und das Nachgeordnete unten rechts auf der Seite zu platzieren sei. Dies wird durch abnehmenden Textumfang der weniger wichtigen Beiträge und typografische Betonung (etwa Größe und Breite der Überschrift) der wichtigeren verstärkt.
Das Ergebnis solcher Gestaltung ist eine in Form und Inhalt nach Wertigkeit abnehmende Figur, die einem spiegelverkehrten »S« oder einem Fragezeichen ohne Punkt ähnelt. Diese entspricht, in unserem Kulturkreis, dem Augenlauf beim Lesen.

Man kann sich allerdings fragen, ob diese Gestaltungsnorm so sinnvoll ist: Wenn sie ohnehin dem Augenfluss entspricht, muss dann das zuerst Wahrgenommene (oben links) noch besonders betont werden? Und: Wird nicht dem Leser signalisiert, dass die Artikel unten rechts nach Meinung der Redaktion von untergeordneter Bedeutung sind? Wenn dieses Prinzip dann auch noch für die nachfolgenden Seiten eines Ressorts in Auf-bau und Abfolge gilt, kann folglich auf der dritten Seite unten rechts nur noch ganz Unwesentliches stehen. Der Mühe, diesen zu lesen, werde ich mich dann nicht unterziehen.

Ganz so ist es natürlich nicht: Das Layout bemüht sich schon, auch auf der unteren Hälfte einer Seite wesentliche Beiträge zu platzieren (ohnehin wurde ja aus dem Ausgangsmaterial bereits gefiltert) und sie durch einen Blickfang (»Eyecatcher«) typografisch zu betonen. Hinzu kommt, dass der automatische Aufmerksamkeitswert der *Aufschlagseiten* (das sind die rechten Seiten, die beim Blättern zuerst wahrgenommen werden) durch entsprechende Gestaltung der linken Seiten konterkariert wird/ werden sollte – sofern rechts nicht, wie gerade bei Zeitschriften üblich, ganz- oder halbseitige Anzeigen stehen.

Bei der Seite Eins gibt es einen zusätzlichen guten Grund, die obere Blatthälfte zu betonen: Auf der Mittellinie, dem *Bruch,* wird nämlich die Zeitung gefaltet und mit der oberen Hälfte dem Leser präsentiert. So kann er, etwa am Kiosk, mit einem Blick erkennen, womit das Blatt »aufmacht« und wie konkurrierende Zeitungen eventuell unterschiedliche Schwerpunkte setzen. Und sind die Zeitungen nach rechts gefächelt übereinander aufgehäufelt, liegen die linken oberen Hälften frei im Blick, auf denen sich nach dem oben Gesagten die Aufmacher befinden (ein Grund, warum sogar manche Blätter ihren Zeitungskopf nach dort verlegen).
Eine stehende Regel beim Hochdruck war übrigens, dass auf dem Bruch keine Überschriften oder Fotos liegen sollten: dies weniger aus gestalterischem als vielmehr aus praktischem Grund; denn es galt zu vermeiden, dass die noch feuchte Druckfarbe im Falz verschmiert.

Straßenverkaufs- oder Boulevardzeitungen unterscheiden sich in ihrer Gestaltung erheblich von den Abonnementzeitungen. Letztere legen Wert auf eine klare Spaltengliederung mit möglichst einheitlichen Schriftcharakteristika, verwenden Zweit- oder Schmuckfarben nur zurückhaltend, ebenso Fotos und andere typografische Elemente, und verzichten auf der ersten Seite weitestgehend auf Werbung.

Die *Bild* und ihre Schwestern (ein gehässiger Begriff für sie heißt »Endprodukte der holzverarbeitenden Industrie«) sind das reine Gegenteil: Sie wechseln Spaltenzahl und -breiten, feiern Orgien der Schriftmischung, lassen Aufmacher mit Balkenüberschriften brüllen, vergewaltigen Schriftschnitt und -duktus, verwenden Fotos in vielfältigen Größen und Beschnitten, lassen die Schmuck- fast zur Grundfarbe werden und scheuen sich nicht vor Werbung an prominenter Stelle. Von den unterschiedlichen Inhalten gegenüber den Abonnementzeitungen gar nicht zu reden.

Dies alles hat seinen Grund: Während nämlich die Abonnementszeitungen 80 oder mehr Prozent ihrer Auflage durch regelmäßigen Bezug, eben das vorausbezahlte Abonnement, verkaufen, müssen die Boulevardblätter täglich um ihren Absatz kämpfen und Leser/Käufer gewinnen (daher heißen sie auch, etwas unsinnig, Kaufzeitungen). Hierzu dient, neben den sensationsgierigen Inhalten und anderen Faktoren, die Aufmachung zur Erregung der Aufmerksamkeit und des Kaufimpulses. Dennoch geht im Schnitt ein Drittel der Auflage oder mehr als *Remittenden,* also unverkaufte Exemplare, zurück.

Die vier Komponenten des Layouts

Im einleitenden Abschnitt zu diesem Kapitel wurden vier Komponenten angesprochen, die bei der Gestaltung und Präsentation eines journalistischen Beitrages zu berücksichtigen sind, nachdem die inhaltlichen Entscheidungen in der Redaktion getroffen getroffen sind.

Gestaltungsbeispiele

Negativsatz

❀ ❀ ❀ ❀ ❀ ❀ ❀ ❀ ❀ ❀ ❀ ❀ ❀ ❀ ❀ ❀ ❀ ❀

Reihenornament und Linie

Schwerer Unfall auf der Umgehungsstraße

Puffendorf (cl) – Zwei Tote und drei Schwerverletzte forderte ein Verkehrsunfall am gestrigen Nachmittag gegen 14 Uhr 45 auf der B 332. Nach Polizeiangaben verlor der 23jährige Wolf C. aus Puffendorf die Gewalt über seinen Pkw und prallte in Höhe des Kilometersteins 14 gegen einen Baum am Fahrbahnrand. Er war auf der Stelle tot. Ebenfalls noch am Unfallort starb sein Vater Emil C. (48) auf dem Beifahrersitz. Mit schweren Verletzungen konnte die von Zeugen sofort herbeigerufene Berufsfeuerwehr

Artikel in einem Kasten
(1-Punkt-Linie) und mit einem
18%-Raster unterlegt

Der Umfang, der einem Beitrag zugemessen wird, ist die erste der vier Komponenten. Im Rahmen des für eine Seite ausgewählten Materials kommt jedem Artikel ein gewisser Raum auf ihr zu. Er richtet sich nach der relativen Wichtigkeit, die ihm beigemessen wird, der Menge des vorliegenden oder zu erarbeitenden Textmaterials sowie dem zugrunde liegenden Umbruchraster, d.h., für welche Beitragsart im Regelfall welche Präsentationsform vorgesehen ist. Dies kann ein Ein,- Zwei-, Drei- oder Vierspalter sein (zunehmend wird ein Beitrag auch über die gesamte Seitenbreite »aufgemacht«).

Jeder dieser Artikelgrößen ist bei den (Abonnements-)Zeitungen faustformelartig eine Zeilenmenge zugeordnet, etwa plusminus 120 Zeilen für einen vierspaltigen Artikel oder plusminus 90 Zeilen für einen Dreispalter. Unter Einschluss der Überschrift und anderer typografischer Elemente ergibt sich ein Raumbedarf für den Beitrag, der in zweierlei Form benannt werden kann: Zum einen durch die Angabe in soundsoviel *Zeilen brutto,* d.h. er füllt einen Raum, den die entsprechende Zahl von Zeilen, gesetzt in der Grund- oder *Brotschrift,* beanspruchen würde *(Zeilen netto* ist demgemäß der Raumbedarf des reinen Textes). Zum anderen mit der Benennung der *Schenkelhöhe(n)* in Millimeter nebst der *Spaltenzahl.* Ein Dreispalter im Blockumbruch wäre dann z.B. mit »120/3« gekennzeichnet.

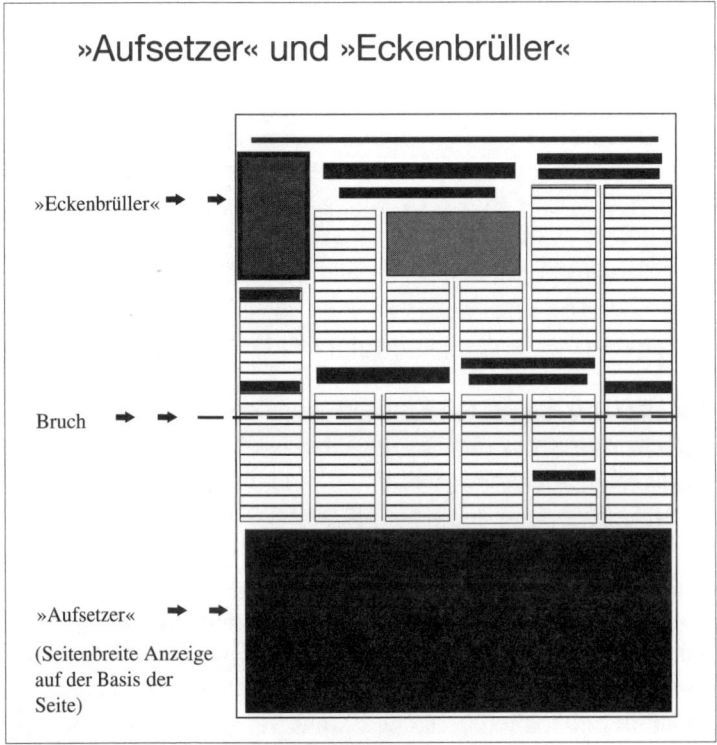

»Aufsetzer« und »Eckenbrüller«

»Eckenbrüller«

Bruch

»Aufsetzer«

(Seitenbreite Anzeige
auf der Basis der
Seite)

Fotos, Karikaturen oder Grafiken (Karte, Schaubild) tragen zwar zum Raumbedarf des Artikels bei, werden aber gesondert ausgemessen und bezeichnet: der Nichttext durch die vorgesehene Spaltenbreite des Abdrucks und die Höhe in Millimetern, der Text (Bildunterschrift o.ä.) durch die Zeilenzahl (Achtung bei mehrspaltigen Bildunterschriften!).

Ein 100 mm hohes, zweispaltiges Foto mit drei zweispaltigen Bildzeilen könnte dann als »100/2/6Z« ausgewiesen sein. Der routinierte Redakteur erkennt daraus den entsprechenden Raumbedarf in Zeilen brutto unter Einschluss der üblichen Abstände zwischen Bild und Text. Zum Halten des *Registers* werden allerdings beim digitalen Umbruch häufiger auch die Standhöhen von nichttextuellen Elementen »in Zeilenzahl« benannt.

Die typografische Gestaltung des Beitrags, die ihm individuell und im Ensemble der Seite mehr oder weniger Gewicht zuweist und die Aufmerksamkeit des Lesers sucht, ist die zweite Komponente. Sie beginnt mit der *Überschrift* (Schriftgrad und Schriftschnitt, Zeilenzahl). Allerdings sind dem Redakteur hierbei aufgrund des Umbruchrasters seines Blattes meist enge Grenzen gesetzt, weil dort etwa ein Zweispalter immer oder in der Regel eine 20–24-Punkt-Überschrift bekommt. Ähnliches gilt dafür, ob, und wenn ja, welche *Unterzeile* im jeweiligen Fall verwendet wird, sowie ob und wie *Dachzeilen* üblich sind. Auch die Nutzung einer *Zweitfarbe* unterliegt meist festen Regeln.

Etwas freier mag es bei der Gestaltung des *Vorspanns* und der Auszeichnung bei der *Grundschrift* sein. Weiter besteht die Möglichkeit, den Artikel in einen *Kasten* zu setzen oder ihn durch Unterlegung mit einem *Raster* hervorzuheben. Schließlich stehen noch *Schmuckelemente* in Form besonderer Linien oder Reihenornamente als Betonungsmöglichkeiten zur Verfügung. Ein *Formsatz* hingegen dürfte ebenso wie der *Negativsatz* (weiß auf schwarz) eher die Ausnahme darstellen. Die oben angesprochene Ergänzung des Artikels durch eine *Illustration* spielt natürlich auch in die typografische Gestaltung hinein.

Die Platzierung des Beitrags auf der Seite als dritte Komponente wurde in den einleitenden Anmerkungen bereits erörtert. Neben den dort genannten grundsätzlichen Erwägungen, die bei der Seitengestaltung als Maßstäbe gelten, spielt auch hierbei der verwendete *Umbruchraster* seine Rolle und bestimmt weitgehend, wie die Blöcke oder Stufen ausgerichtet sind und welche Positionen dabei Ein- und Mehrspalter einnehmen. – Wie starr tatsächlich dieser Raster trotz täglicher Variation ist, bemerkt der Leser, und zumal der Abonnent, an der Vertrautheit des Erscheinungsbildes seiner Zeitung: Nicht nur bei der ersten Seite ist der Wiedererkennungsgrad immens.

Ferner ist zu beachten, dass *feste Rubriken* meist ihren angestammten Platz auf einer Seite haben und im Regelfalle speziell gestaltet sind. Dies gilt in besonderer Weise für Kommentare oder Glossen und den berühmten »*Eckenbrüller*« (der Kurzbeitrag, der entgegen der Umbruch-Standardregel oben links und damit an prominenter Stelle untergebracht wird; berühmtes Beispiel ist das »Streiflicht« auf der Seite Eins der Süddeutschen Zeitung).

Schließlich ist darauf zu achten, eine Seite nicht zu überfrachten. Die durchschnittliche Zeitungsseite auf traditionellem Papierformat soll in der Regel nicht mehr als 12 bis maximal 15 typografische Elemente (oder »items«) haben. Das sind alle optisch eigenständig wirkenden Fotos/Illustrationen, Texte/Textblöcke inklusive ihrer Überschriften und Anzeigen.

Die schönste Planung des Layouts nützt jedoch nichts, wenn die Anzeigenabteilung gesprochen hat: Da will dann ein großer Anzeigenkunde eine halbe Seite belegen (eine ganze wäre noch nicht einmal so schlimm) oder gar das untere Viertel oder Fünftel (man spricht dann von einem *Aufsetzer*).

Gefürchtet sind jedoch die Firmen, die ihre – meist auch noch getextete – Anzeige partout an einer ganz bestimmten Stelle *eingeblockt* im Text sehen wollen. Sie zerstört damit nicht nur das gesamte Layout, sondern soll dabei auch noch besondere Aufmerksamkeit beim Leser zu erzielen. Tatsächlich ist eher zu

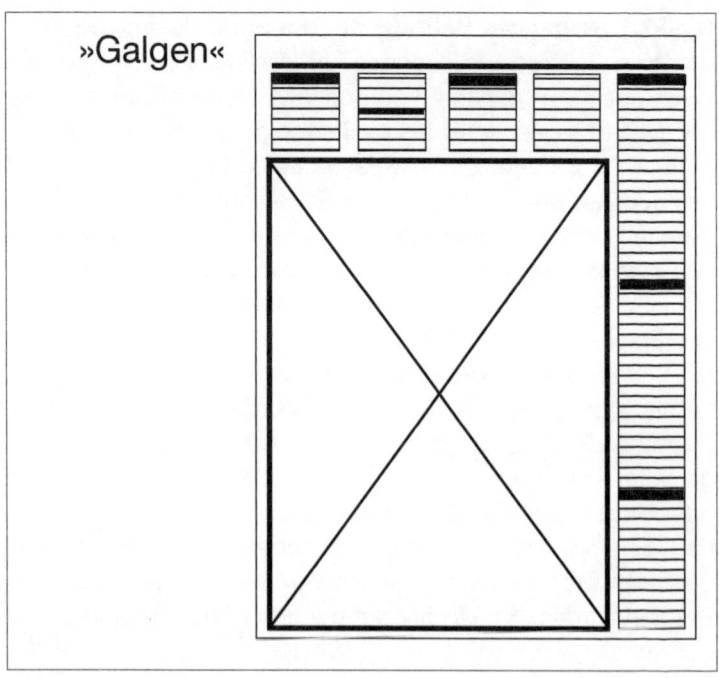

»Galgen«

vermuten, dass der eigentlich geneigte Leser irritiert wird, die Fortsetzung des redaktionellen Textes sucht und dann verzweifelt oder unwirsch seine Lektüre abbricht. Die Kunst besteht dann darin, so zu umbrechen, dass der Lesefluss möglichst nicht gestört wird. Ebenso unbeliebt bei der Layout-Planung sind die *Galgen:* Hier muß sich die Redaktion mit einem Restplatz um eine 2/3-, 3/4- oder 4/5-seitige Anzeige abfinden, während der Anzeigenkunde Geld spart (er hat keine 1/1-Seite bezahlt) und der – sensible – Leser sich mit Grausen abwendet.

Stichwort Lektüreabbruch: Untersuchungen haben ergeben, dass ein *Umlauf,* also die Fortsetzung eines Textes auf der nächsten Seite, zu erheblichen Leserverlusten führt (was passiert, wenn der Textanschluss weiter hinten im Blatt steht und gesucht werden muss, wurde nicht erforscht). Ohnehin nur 35

Prozent der Leser nehmen einen solchen – längeren – Artikel bis zum Ende des ersten Teils intensiv zur Kenntnis, bei Teil zwei sind es noch 26 Prozent. Oder anders: Nur 70 Prozent derjenigen, die Teil eins gelesen haben, schaffen es bis zum Schluss. Von denen, die den Text eher überflogen haben, bleiben ganze 40 Prozent bei der Fortsetzung. Ein Trick hilft ein wenig: Wird der Text inmitten eines Satzes unterbrochen, so blättern immerhin 74 Prozent seiner Leser um, nach einem abgeschlossenen Satz lediglich 66.

Dieselben Forscher fanden auch heraus, dass bei »großen« Artikeln, die ohnehin stärker beachtet werden (und das ist ja im Sinne der redaktionellen Wertzumessung), ein zusätzlicher Aufmerksamkeitseffekt erzielt wird, wenn sie mindestens dreispaltig sind; die Leser bevorzugen demnach einen horizontalen gegenüber einem vertikalen Umbruch. Und wir erkennen, dass die Platzierung stärker als die Textmenge beeinflusst, ob und wie intensiv ein Beitrag gelesen wird.

Die Bestimmung der Seite, auf der ein Beitrag platziert werden soll, ist die vierte Komponente. Damit ist natürlich nicht gemeint, ob die Meldung über ein Attentat auf den Papst auf die »bunte« oder gar die Sportseite soll (doch wohl auf die Eins), denn alle Zeitungen und die meisten Zeitschriften haben Ressorts, die über ihnen zugewiesenen Platz verfügen, oder eine Einteilung des Seitenumfangs nach Gebieten oder Genres. Gemeint ist, auf welche der z.B. drei Lokalseiten einer Tageszeitung eine gegebene Lokalmeldung oder auf welche der zehn Magazinseiten einer Publikumszeitschrift ein aktuelles Foto gestellt wird.

Bei Rubriken wie dem Kommentar, der Lokalspitze oder dem Wetterbericht stellt sich diese Frage kaum, weil sie meist einen festen Standplatz haben. Aber wohin geht der Bericht über die Wiedereröffnung des Hallenbades, wenn das Lokale vier Seiten zu füllen hat? Es erweist sich in der Praxis meist, dass dies weniger ein Problem des Layouts, sondern vielmehr Ergebnis der Ressortkonferenz oder der Einschätzung des verantwortlichen

Redakteurs aufgrund der Materiallage ist. Hinzu kommen technische Vorgaben: Etwa wenn ein Foto farbig gedruckt werden soll und Farben nur auf bestimmten Seiten »laufen«.

Eine bewusste Entscheidung über die Platzierung wird dann zu treffen sein, wenn es um inhaltliche oder gestalterische Planung geht. Sei es, weil die jeweiligen Seiten (wenn nicht die gesamte Ausgabe), vor allem einer (Publikums-)Zeitschrift, »strategisch« geplant sind und dem Beitrag eine gewisse Funktion zugeordnet wird. (Dies ist bei einer Tageszeitung kaum möglich und nötig.) Sei es, weil es sich bei dem fraglichen Beitrag z.B. um ein Foto oder einen mit einem Foto illustrierten handelt und alle Beiträge dieser Art gebündelt auf eine Seite oder über die Seiten verteilt gestellt werden sollen.

Doppelseite und (Foto-)Strecke haben ihre besonderen Erfordernisse an die Layout-Konzeption: Die Beiträge auf einer Doppelseite, bei Illustrierten namentlich auch die einer Text- oder Fotostrecke, sind als thematische und somit auch layouterische Einheit zu sehen. Jedenfalls bei Zeitschriften, weil schon aus Gründen des Formats auch der Leser die jeweils gegenüberliegenden Seiten meist gemeinsam erfasst.
Bei Zeitungen hingegen ist dies nur in wenigen Fällen erforderlich und realisierbar: Neben dem Format, das einerseits eine Gesamtschau des Lesers kaum zulässt und andererseits ihn sofort zum Falten veranlasst, behindern Organisation und Seitenablauf solch ein Konzept. Denn vielleicht ist die sechste eine Politik- und die siebte eine Sport- oder Feuilletonseite. Und beide Ressorts haben Eiligeres und Wichtigeres zu tun als die Gestaltung der Doppelseite. Bei einer Tageszeitung kommen in der Regel nur zwei Möglichkeiten in Betracht: Zum einen der – von längerer Hand geplante – Magazinteil etwa zur Wochenendausgabe, zum anderen bei den beiden Innenseiten, die bei manchem Blatt auch in diesem Sinne besonders gepflegt werden und dann zum sogenannten Filetstück bzw. den *Filetseiten* avancieren.

Von der Planung zur Platte

Layout und Umbruch sind Ergebnis eines mehrstufigen redaktionellen und technischen Arbeitsablaufes, der je nach der Vorgehensweise des Hauses und der technisch-apparativen Ausstattung unterschiedliche Formen aufweisen kann.

Die Konferenz

Am Anfang des Prozesses steht die Redaktionskonferenz. Sie dient zum einen der Blattkritik der jüngsten vorliegenden Nummer, ggf. unter Vergleich der konkurrierenden Organe, zum anderen der (Grob-)Planung der anstehenden Ausgabe.
Die hier angesprochenen Themen sind meist zugleich jene, die gute Chancen haben, auf der Seite Eins platziert zu werden (die im Regelfalle vom Ressort Politik/Nachrichten gemacht wird). Meist wird auf dieser Konferenz auch festgelegt, zu welchem Thema wer einen Kommentar oder Leitartikel schreibt.

Eine Ressortkonferenz entsprechend der Gesamtkonferenz gibt es manchmal vor und meist nach dieser. Auf ihr wird die ressortspezifische Tageslage erörtert, die Prioritätenfolge nach Qualität und Quantität der in Frage kommenden Beiträge festgesetzt und die Arbeit auf die Ressortmitarbeiter verteilt.

Neben diese inhaltliche Planung tritt die Gestaltung der zur Verfügung stehenden Seite(n). Mit dieser Aufgabe können ständige oder wechselnde Ressortmitglieder betraut sein, sofern nicht, wie vor allem bei den Boulevardzeitungen und den Publikumszeitschriften, eine eigene Abteilung für das Layout existiert.

Für diesen und die folgenden Abschnitte:
Dovifat, Emil / Jürgen Wilke: Zeitungslehre II, Berlin/New York 1976
La Roche, Walther von: Einführung in den praktischen Journalismus. Mit genauer
  Beschreibung aller Ausbildungswege (Journalistische Praxis), Berlin 2006[17]
Mast, Claudia (Hrsg.): ABC des Journalismus, München 2004[10]
Turtschi, Ralf: Praktische Typografie. Gestalten mit dem Personal Computer,
  Sulgen (CH) 1995[2]

Das Einspiegeln

Grundlagen des Layouts jeder Seite ist der *Seitenspiegel* (früher ergänzt durch einen *Materialspiegel)*; zudem liegt meist ein Gesamt- oder – bei Zeitschriften – *Heftspiegel* vor, der wiederum mit dem in der Anzeigenabteilung nach Anzeigen-Annahmeschluss erstellten *Anzeigenspiegel* kombiniert/verschmolzen wird.

Auf dem Seitenspiegel (auch *Layout-Bogen* genannt) wird – oder besser gesagt: eher wurde) jede Seite gesondert »eingespiegelt« (exakte Arbeit) oder »aufgerissen« (eher skizziert): Es ist dies meist ein vorbereiteter Bogen, auf dem die Zeitungsseite bzw. der *Satzspiegel* (also die zu bedruckende Fläche) im Verhältnis 1:1 oder 2:1 mit ihren wesentlichen Elementen wie Kopfleiste, *Spalten(linien)* und Bruch(linie) wiedergegeben ist. Auf ihm werden die vorgesehenen Elemente an ihren gedachten Standplätzen eingezeichnet. Die Darstellung Seite 99 zeigt einen solchen Spiegel mit Zeilenzähler (Zahlen links) und Umbruchraster. Wie sorgfältig und genau hier verfahren wird, hängt zum einen von den Gepflogenheiten in der Redaktion, zum anderen von der Satztechnik (Blei-, Foto-, Digitalsatz) sowie der Arbeitsteilung ab.

Neben das Stichwort wird zu den Artikeln häufig noch die *Beitragsnummer* gestellt: So besagt etwa die Nummer 512, dass es sich hierbei um den zwölften Beitrag auf der Seite 5 handelt. Ein

Seitenspiegel mit Layout

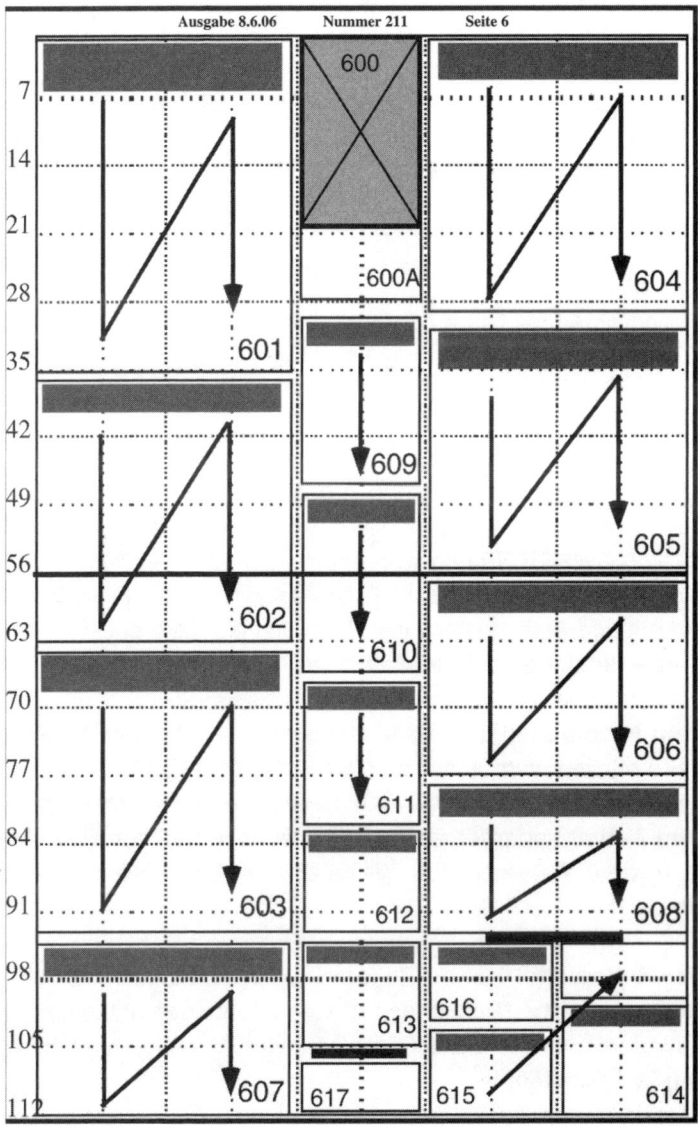

genaues Layout ist komplett, wenn zusätzlich die Zeilenwerte (z.B. 3/94 bezeichnet einen Dreispalter mit 94 Zeilen) oder Fotomaße (2/11 ist dabei ein zweispaltiges Foto von 11 cm Höhe) angegeben sind. Als einheitliche Symbole auf den Layout-Bögen haben sich – international – durchgesetzt:

■ eine dicke Linie oder eine Schraffur für Überschriften, Unterzeilen und Zwischentitel

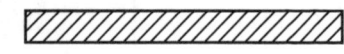

■ ein Verlaufspfeil, der den Textlauf markiert

■ ein Kasten mit Diagonalenkreuz, der für Fotos, Illustrationen und Anzeigen steht.

Kästen, unterlegte Raster und andere typografische Besonderheiten des Layouts werden entsprechend symbolisiert oder textlich erwähnt. Wenn es die Produktionszeiten zulassen und auf das Layout besonderer Wert gelegt wird, kann ein *Probelayout* mit *Blindtext,* das ist beliebiger oder eigens erstellter (Nonsense-) Text, gemacht werden.

Dem Anzeigenspiegel ist zu entnehmen, wo Anzeigen auf der Seite plaziert werden sollen. Deren Inhalt und Gestaltung sind der Redaktion in der Regel nicht bekannt, was zu Konflikten mit dem Auftraggeber führen kann, wenn im »redaktionellen Umfeld« dem Anzeigeninhalt gegenläufige Aussagen enthalten sind.

Der Heftspiegel gibt bei Zeitschriften in verkleinerter Darstellung einen Überblick über die Gestaltung der anstehenden Ausgabe. In ihm sind u. a. Anzeigen(seiten), Strecken und Rubriken festgehalten.

Heftspiegel

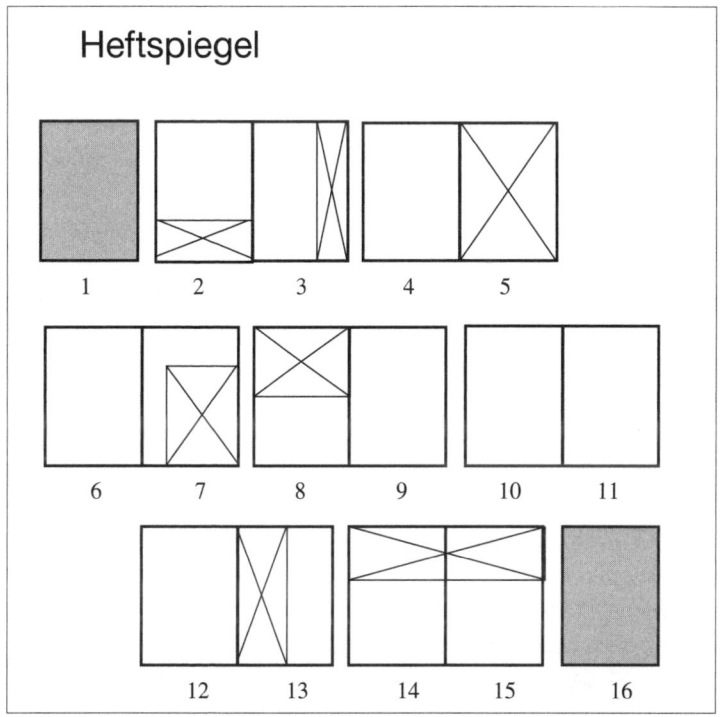

Foto- oder Rechenscheibe und Typometer

Das wichtigste Handwerkszeug des Layouters waren in der traditionellen Technik das Typometer und die Rechenscheibe. Heute wird der Redakteur oder Layouter durch digitale Informationen und Einstellungen im Redaktionssystem unterstützt.

Die Fotoscheibe (auch Rechenscheibe) hat zwei kreisförmige Skalen, die durch Drehung gegeneinander versetzt werden können. Auf der oberen Skala wird z.B. die Breite eines vorliegenden (Presse-)Fotos markiert und dessen Höhe auf der anderen Skala daruntergestellt. Nun sucht man auf der oberen Skala den

Wert der Breite in der Wiedergabe (meist durch die vorgesehene Spaltenbreite definiert) und liest auf der unteren Skala die sich dabei ergebende Wiedergabehöhe ab. Die (Ausgangs- und die) neuen Werte werden den Bildbearbeitern oder Layoutern mitgeteilt. (Mathematisch vorgebildete Redakteure können die Werte auch durch eine Dreisatzrechnung ermitteln.)

Eine weitere Methode war die Arbeit mit dem *Fotowinkel:* Auf der Rückseite des Fotos, oder besser auf einer Transparentabklebung seiner Vorderseite, wird eine Diagonale gezogen. Fährt man mit einem 90-Grad-Winkel auf ihr entlang, lassen sich alle neuen Dimensionen erkennen. Bei zwei gegenübergestellten Winkeln gilt dies auch für beliebige Bildausschnitte. Diese Vorgehensweise hat sich in den »icons« der Bildbearbeitungs- und Layoutprogramme »verewigt«:

Das Typometer ist ein etwa 30 cm langes, transparentes Meßinstrument, einem Lineal oder Rechenschieber ähnlich. Auf ihm befinden sich zahlreiche Skalen für verschiedene Zeilenabstände der gebräuchlichsten Schriftgraden (meist 7-14 Punkt). Mit diesen Skalen lassen sich zum einen bereits erstellte Texte

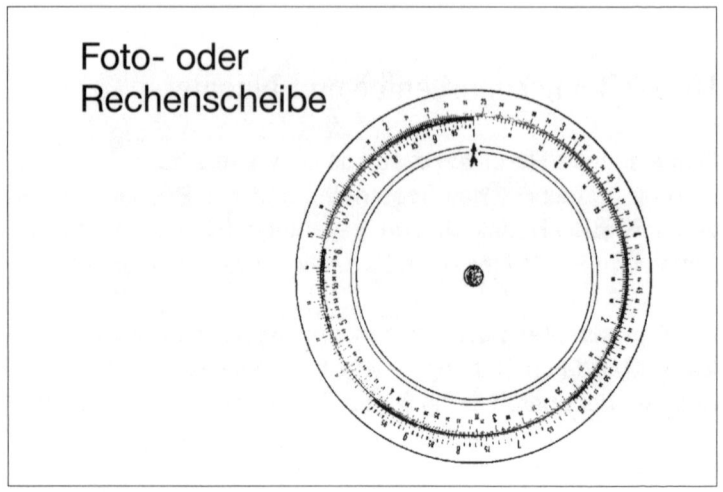

Foto- oder
Rechenscheibe

leicht auszählen. Umgekehrt kann ermittelt werden, welche Länge ein in einem bestimmten Schriftgrad zu erstellender Text einnehmen wird. Diese Länge kann dann z.B. auf einem Seitenspiegel abgetragen werden. (Ein ähnliches Gerät, das stählerne *Zeilenmaß,* verwendeten die Setzer im Bleisatz.) Das Typometer ist im Zeitungsgewerbe allerdings so gut wie ausgestorben und wird nur noch von Traditionalisten sowie beim Desktop-Publishing verwendet.

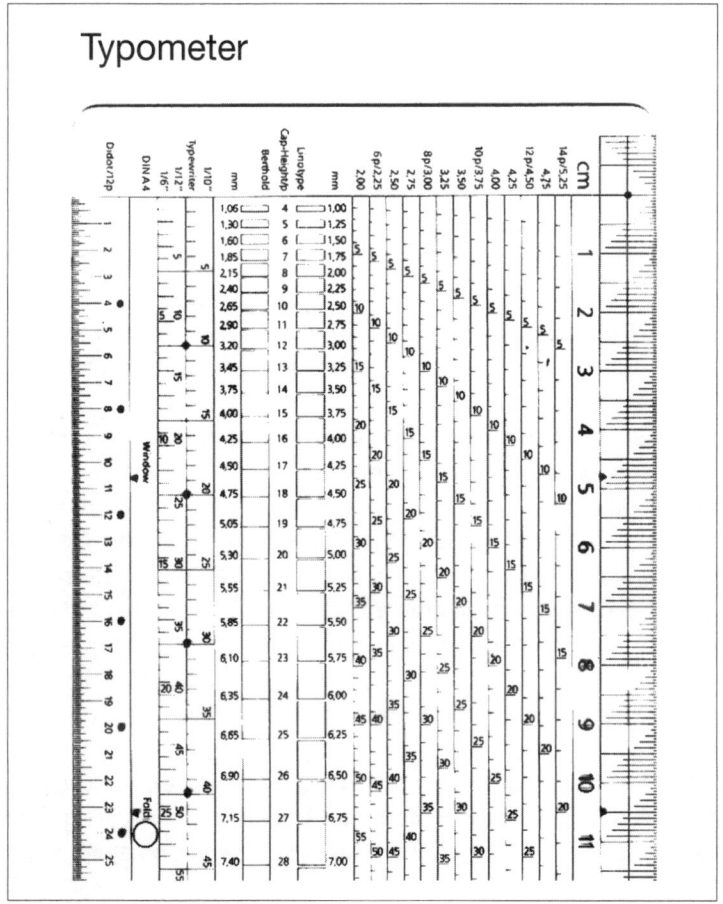

Mettage, Montage und Plattenbelichtung

Waren beim Bleisatz die Texte und Überschriften gesetzt und korrigiert sowie die *Klischees* der Fotos oder Illustrationen hergestellt, wurde die Seite in der Mettage hergestellt. Aus den Abteilungen Hand- und Maschinensatz sowie aus der Chemigrafie trafen die Elemente hierfür ein. Nach Vorgabe des Seitenspiegels wurden die Kolumnen der Artikel in den Schließrahmen gestellt (ge- oder umbrochen) und die Vollständigkeit anhand eines *Materialspiegels* kontrolliert. Hier konnten auch noch letzte Änderungen vorgenommen werden wie der Austausch mit aktuellerem Material oder die Bearbeitung von *Übersatz* (das ist zu viel gesetzes Material).

Lagen alle Elemente vor, wurde der Rahmen oder *Schließrahmen* (auch *Seitenschiff* genannt) geschlossen und ein letzter Korrekturabzug gemacht. Hatte der verantwortliche Redakteur hierauf sein Imprimatur (Namenszeichen) gesetzt, war die Seite freigegeben und die Arbeit der Redaktion beendet. Bleiben musste nur der Schlußssredakteur, der je Ressort oder für das ganze Blatt verantwortlich den Andruck zu begutachten hatte.

Mit den elektronischen Redaktionssystemen ist vieles erheblich anders geworden: Texte werden am Bildschirm eingegeben oder bearbeitet. Zudem stehen dem Redakteur die Formatlisten zur Verfügung. Diese enthalten sämtliche Gestaltungs- und Auszeichnungsmöglichkeiten, die das System bietet. Zudem kann der Beitrag inklusive der Überschrift und weiterer typografischer Elemente und Auszeichnungen in der gewünschten Präsentationsform dargestellt werden. Auch die digitalisierten Fotos erscheinen nach ihrer Bearbeitung in der entsprechenden Abteilung auf dem Monitor.
Beim Fotosatz wurde das belichtete und entwickelte Fotopapier mit den Texten in der Montage am Leuchttisch (analog dem Umbruch in der Mettage) nach Maßgabe der Seitenspiegel auf Montagebögen geklebt.

Beim Digitalsatz in Kombination mit Ganzseitenumbruch werden diese Schritte auf dem Bildschirm erledigt. Die Seite erscheint als Seitenspiegel auf dem Bildschirm. Die vorgesehenen Text- und Illustrationselemente werden aus dem System aufgerufen und an ihrem Platz eingestellt bzw. geschrieben. Sofern sich Textstände oder Fotomaße als falsch erweisen (dies wird natürlich sichtbar), können Korrekturen vorgenommen werden.

Ist die Seite inklusive aller vorgesehenen Elemente wie Fotos, Illustrationen und Anzeigen geschlossen, kann sie zum Belichten der Platte »abgeschickt« werden (das Computer-To-Plate-Verfahren). Falls das Blatt über einen Internet-Auftritt verfügt, können Texte mittels eines Content-Management-Systems (CMS) für diesen aufbereitet werden.

Montage-
bogen

Diese Darstellung zeigt
die teilweise Umsetzung
des Layouts von Seite 99;
analog ist die Ansicht auf
dem Ganzseitenbildschirm
(siehe Seite 28).

107

Auszeichnen

Der Artikel und seine Elemente

Neben der layouterischen Gestaltung der gesamten Seite der Zeitung oder Zeitschrift können auch jeder einzelne Beitrag und seine Elemente mit typografischen Besonderheiten hervorgehoben werden. Sollen derartige Abweichungen von den gewählten Standards des Umbruchrasters und der grundsätzlichen Präsentationsform der Artikel bei der technischen Umsetzung der Beiträge berücksichtigt werden, so musste der Redakteur sie gesondert auf dem Manuskriptblatt anmerken oder am Bildschirm ein »Format« aufrufen. Diese Arbeit wird *Auszeichnung* oder auszeichnen genannt.

Bei den alten Techniken zeichnete der Redakteur auf den Manuskriptblättern aus. Wurden in einer Setzerei mehrere Objekte bearbeitet oder erfolgte der Satz als Auftragsarbeit in einer externen Setzerei, so mussten auch die Grundschrift und andere Standards angegeben werden.

Bei der Arbeit am Bildschirm wird die Auszeichnung durch Vergabe von Kommandos an den Rechner oder die Eingabe von Steuercodes bzw. den Aufruf von Formaten durch den Redakteur erledigt. Die Standardwerte und häufig auftauchende Auszeichnungen sind als Makros oder Formate gespeichert und zugewiesen. Abweichungen müssen in der Mehrzahl der Fälle an die »Spezialisten« weitergereicht werden.

Jeder Artikel besteht im Grundsatz aus vier Komponenten (von einigen Genres wie Kommentar, Leitartikel, Glosse oder Kolumne abgesehen), die sich jeweils einzeln oder gemeinsam sowohl hinsichtlich der Standards als auch der Auszeichnung gestalten lassen: die *Überschrift*, der *Anlauf*, der *Vorspann* und der Textkörper/*Fließtext*. Die Möglichkeiten hierbei sind, zumal durch die Elektronik, theoretisch nahezu unbegrenzt, so dass im folgenden nur einige grundsätzliche Hinweise gegeben werden können.

Die Überschrift

In der Regel steht, eine Binsenweisheit, am Kopf jedes Beitrags eine Überschrift. Sie soll dem Leser beim ersten Überfliegen einer Seite ein Signal setzen, auf sich und den dazugehörigen Artikel aufmerksam machen und ihn zur Lektüre anregen. Dabei stehen natürlich sämtliche Überschriften im Wettstreit. Die erste Idee vom Sieg ist dabei auch die falscheste: jede Überschrift möglichst individuell und marktschreierisch zu gestalten. Von dem entstandenen Chaos wird sich der Leser verwirrt abwenden. Sich hier einer Auszeichnung zu bedienen, bedarf eines besonderen Anlasses und großen Fingerspitzengefühls – jedenfalls bei Tages und Wochenzeitungen; Boulevardblätter und Illustrierte folgen da anderen Prinzipien.

Für die typografische Gestaltung der Überschrift ist mit dem gewählten Umbruchraster bereits eine Vorentscheidungen getroffen, denn er bestimmt in qualitativer – und damit meist ja auch quantitativer – Hinsicht den Standplatz auf der Seite und die Präsentationsform eines Beitrags. Und somit auch bezüglich der Standards der Überschrift, denn in den meisten Redaktionen gibt es keine oder nur sehr begrenzte Wahlmöglichkeiten bei Schriftart, -grad und -schnitt für Ein-, Zwei,- Drei- oder Mehrspalter und den/die Aufmacher.

Für die Unterzeilen der Überschriften gilt praktisch dasselbe, denn auch für sie sind in den Redaktionen meist Standards gesetzt.

Auch die Namenszeile, in der der Verfasser (oft mit der Funktionsbezeichnung als Redakteur, Mitarbeiter oder Korrespon-

---

Überschriften können über mehr als eine Zeile laufen
Diese ist durch eine Unterzeile ergänzt worden

Einspalter kennen sogar vierzeilige Überschriften

Mehrzeilige Überschriften sind linksbündig oder wie hier zentriert
U-Zeilen sind erkennbar breiter oder schmaler
Auch die Namenszeile wird speziell ausgezeichnet

---

dent) des Beitrages genannt wird, ist im strengeren Sinn noch zur Überschrift zu zählen, jedenfalls nach gestalterischen Gesichtspunkten. Für ihre Auszeichnung greift im Regelfalle ebenfalls ein Standard. (Sie ist übrigens nicht mit der *Autorenzeile* zu verwechseln, die am Ende eines Textes ihren Platz hat.)

Mehrzeilige Überschriften: Überschriften müssen nicht immer einzeilig laufen, sondern können durchaus zwei- oder dreizeilig – in Extremfällen und nur bei Einspaltern gar vierzeilig – stehen (das erleichtert auch das Formulieren). Bei mehrzeiligen Überschriften hat sich weitgehend durchgesetzt, dass die Zeilen nicht gleich lang, bei manchen Blättern sogar merklich unterschiedlich, sein sollen. Verstärkt gilt dies für die Breite der Überschriften gegenüber der Unterzeile.

Der *Zeilenfall* hingegen ist meist wieder standardisiert in den Redaktionen oder Ressorts: entweder linksbündig oder zentriert. Der Blocksatz kommt für Überschriften wegen des Gebots unterschiedlicher Zeilenlängen kaum in Frage, ein rechter Anschlag (rechtsbündig) nur in Ausnahmefällen, etwa in Verbindung mit einer – größeren – Illustration.

Rechtsbündig ist Ausnahmen vorbehalten

In Zusammenhang mit Illustrationen oder besonderer Seitengestaltung

---

Dachzeilen (auch *Vorzeilen* genannt) sind ein weiteres Element zur Gestaltung von Überschriften. Ihre Verwendung sollte jedoch mit Bedacht geschehen, da sie meist recht kurz und in verhältnismäßig geringem Schriftgrad gehalten sind und somit enorme sogenannte weiße Löcher in das Layout reißen können.

Das Einsenken der Überschrift oder Teilen von ihr in die mittlere(n) Spalte(n) von mehrspaltigen Artikeln ist eine recht beliebte Variante gerade bei symmetrischer Betonung des Layouts. Hierbei ist es für die Orientierung des Lesers unerlässlich, den Anlauf (Beginn) des Textes zu markieren, etwa durch eine *Initiale,* oder den gesamten Beitrag in einen Kasten zu stellen.

Das völlige Einblocken der Überschrift in den Text ist eine Erweiterung dieses Vorgehens.

> ### Dach- oder Vorzeile:
> # Vorsicht ist geboten, da sie »weiße Löcher« in die Seite reißt

M ⎯⎯⎯⎯⎯⎯

Eine recht beliebte Variante ist das Einsenken der ÜS

Manchmal bietet es sich an, nur einen Teil der ÜS einzusenken

Ein Kasten allein um die Überschrift kann sich ebenfalls zur Auflockerung der Seite oder zur Hervorhebung anbieten. Außerdem werden Kästen herangezogen, wenn Überschriften gleicher Art und Größe nebeneinander stehen (was bei vielen Layoutern als »Grabsteine« verpönt ist). Besondere Zurückhal-

M

**Eingeblockte ÜS
mit Artikel im Kasten**

tung ist geboten, wenn man im Kasten einen – auch farbigen –
Raster *unterlegen* will, denn dadurch wird der doch recht sta-
tische Eindruck noch verstärkt

**Ein Kasten
um die
Überschrift**

**Hebt
hervor und
grenzt ab**

**Vorsicht
mit dem
Raster!**

Eine völlig andere Schriftgruppe kann herangezogen werden, um zum Beispiel Meinungsbeiträge zu überschreiben. Bekannte Beispiele hierfür sind die Leitartikel und »Leitglossen« der FAZ auf ihren ersten Politik- und Wirtschaftsseiten, die mit einer Frakturschrift (»Fette Gotische«) versehen sind. Es sollte sich hier jedoch um einen Standard bei ständig wiederkehrenden Rubriken handeln.

Fraktur gewählt

Eine völlig andere Schriftgruppe kann herangezogen werden, um zum Beispiel Meinungsbeiträge zu überschreiben. Bekannte Beispiele hierfür sind die Leitartikel und Leitglossen der *FAZ* auf ihren ersten Politik- und Wirtschaftsseiten, die mit einer Frakturschrift (»Fette Gotische«) versehen sind. Es sollte sich hier jedoch um einen Standard bei ständig wiederkehrenden Rubriken handeln.

Ein Zeilensturz ist ein typografisches Gestaltungsmittel für die Überschrift, das ebenfalls selten in Zeitungen zu beobachten ist. Gemeint ist damit die Drehung der Zeile um (meist) 90 Grad, so dass sie senkrecht zum Textkörper oder zu einer Illustration steht. Häufiger hingegen tritt sie als *Bildquellennachweis* auf.

gestürzte Zeile

Fragezeichen und Ausrufezeichen sollten aus inhaltlichen Erwägungen nur in begründeten Ausnahmefällen verwendet werden. Zumindest außerhalb von Zitaten. Vermeintlich haben sie Signalcharakter. Doch ist zu bedenken, dass das Ausrufezeichen wertend oder kommentierend wirken kann und daher bei den tatsachenorientierten Stilformen wie Nachricht und Bericht meist nichts zu suchen hat. Das Fragezeichen deutet auf einen ungeklärten Sachverhalt und kann die nächste Frage aufwerfen, ob nämlich der Journalist nicht hinreichend recherchiert hat.

Ein spezieller Schriftschnitt bei der Überschrift ist seltener in Zeitungen, jedoch häufiger in Zeitschriften anzutreffen: eine Konturschrift oder eine **schattierte** Schrift. In Ausnahmefällen wird auch eine Schriftspiegelung verwendet (die Schrift spiegelt sich unter der Schriftlinie), zum Teil mit einer Schattierung oder Kontur kombiniert.

Schriftspiegelung

Schriftspiegelung

Evans, Harold: Editing and Design: Book 3: News Headlines, London 1974
Schneider, Wolf / Detlef Esslinger: Die Überschrift. Sachzwänge – Fallstricke – Versuchungen – Rezepte (Journalistische Praxis), München 2002[3]
Turtschi, Ralf: Praktische Typografie. Gestalten mit dem Personal Computer, Sulgen (CH) 1995[2]

Der Anlauf

Unter Anlauf ist der Beginn des Textes bzw. die erste Zeile eines geschlossenen Textkörpers nach der Überschrift oder unter einem Rubrikenentitel zu verstehen. Daneben kann vom Anlauf der Absätze die Rede sein. Gewöhnlich beginnt der Text eines Artikels als

– erste Textzeile bei meinungsorientierten Stilformen wie Kommentar, Leitartikel oder Glosse;
– *Ortsmarke* bzw. *Datumszeile* bei Nachricht, Meldung, Bericht;
– *Spitzmarke* bei Kurzmeldungen oder Meldungsrubriken wie kurz & knapp.

Die Ortsmarke umfasst Ort und Quelle: Belgrad (dpa). Die Ortsangabe benennt entweder den Ort des Geschehens, Ereignisses, Tatbestandes oder den Sitz der Quelle (Korrespondent oder Agentur). Wenn die Region entfernter und damit für den Leser meist unbekannter ist, wird ein Ort genannt, der ihm vermutlich noch eine Orientierung gibt: In Frankreich kann es noch mit Bordeaux getan sein, in Südostasien wird höchstens der Name der Landeshauptstadt hinreichend orientieren.

Hinzu tritt meist ein Einzug von einem oder eineinhalb *Geviert,* manchmal auch mehr. Ein Geviert ist das Quadrat des Bleisatzkegels bzw. beim Foto- und Digitalsatz des Schriftgrades Buchstabenbildes, zu identifizieren etwa am »M« oder »E«.

Mit einer Datumszeile laufen in aller Regel nur Berichte und Reportagen an, denen eine Namenszeile voran steht: `Belgrad, 6. Februar`. Bei allen anderen Berichten geht man davon aus, dass sie vom Vortag stammen (bei Abendzeitungen vom Tag selbst). Auch diese Zeile beginnt meist mit einem Einzug. Sie wird allerdings immer seltener, da sie dem Leser eine »Rechercheaufgabe« stellt (wann war das und was ist heute) und auch deshalb verzichtbar erscheint, weil größtmögliche Aktualität im Rahmen der Erscheinungsfrequenz unterstellt wird – also Regelfalle der morgendlichen Tageszeitung: gestern. Bei Wochen- oder noch langfrequentigeren Blättern steht manchmal, und dann m.E. ziemlich dümmlich, so etwas wie `New York, im Oktober`.

> **Berlin** (eig. Ber.) – Der Anlauf eines Artikels mit Ortsmarke kann in unterschiedlicher Weise gestaltet werden. So beispielsweise durch Fettung und Einzug um ein Geviert.

> **Berlin (eig. Ber.)** – Der Anlauf eines Artikels mit Ortsmarke kann in unterschiedlicher Weise gestaltet werden. So beispielsweise durch Fettung, Kapitälchen und Einzug um ein Geviert.

> BERLIN (eig. Ber.) – Der Anlauf eines Artikels mit Ortsmarke kann in unterschiedlicher Weise gestaltet werden. So beispielsweise durch Versalien.

> **BERLIN** (eig. Ber.) – Der Anlauf eines Artikels mit Ortsmarke kann in unterschiedlicher Weise gestaltet werden. So beispielsweise durch Fettung, Versalien und größeren Schriftgrad.

Die Quellenangabe besteht meist aus dem Kürzel der Agentur (wie dpa, AFP, Reuter), des Korrespondenten oder des Mitarbeiters. Neben der Information für die Minderheit der kundigen Leser gilt diese Angabe in der Mehrzahl der Fälle lediglich der Honorarabteilung zur Abrechnung.

Die erste Textzeile oder die Datumszeile werden in der Regel *ausgezeichnet* und häufig noch mit weiteren typografischen Markierungen versehen. Die erste Zeile oder die ersten Wörter darin können **fett**, g e s p e r r t, als KAPITÄLCHEN oder in VERSALIEN abgesetzt werden (oder in Kombinationen davon). Die spezielle Auszeichnung sollte nie in die zweite Zeile einlaufen, worauf besonders bei Vorspännen zu achten ist. Hinzu tritt meist ein Einzug von einem oder eineinhalb Geviert. Doch ist auch ein stumpfer Anlauf (also ohne Einzug) denkbar. Dies besonders, wenn keine Datumszeile vorhanden ist. Bei manchen Blättern ist zu beobachten, dass sie die Ortsmarke rechtsbündig als Anlauf und Einzelzeile platzieren.

kurz & knapp

Meldungen unter einem Rubriken- oder Sammeltitel ohne eigene Überschrift laufen mit einer Spitzmarke an.

Sie werden durch ein typografisches Symbol getrennt und in ihrer ersten Zeile oder den ersten Worten der ersten Zeile ausgezeichnet.

DIE AUSZEICHNUNG KANN variieren, sollte jedoch in einer Gruppe – anders als hier in den Beispielen – einheitlich sein.

117

Spitzmarke heißt der Beginn einer Kurzmeldung ohne eigene Überschrift, wenn mehrere Meldungen unter einem kollektiven Rubrum zusammengefasst sind (kurz & bündig, schnell gemeldet o.ä.). Diese Meldungen können durch Sternchen ✳ oder andere typografische Marken voneinander getrennt werden und laufen jeweils mit einer ausgezeichneten Zeile oder ersten Wörtern an (gefettet, Kapitälchen usw.). Sie können auch einzeln auf einer Seite stehen und sind dann optisch mit einer Linie getrennt. In etlichen Redaktionen wird nicht der Beginn, sondern die gesamte Kurzmeldung als Spitzmarke bezeichnet.

Auch Absatzanfänge haben häufig im Anlauf eine Auszeichnung; dies insbesondere, wenn die Absätze nicht ohnehin durch eine Leerzeile oder mehr *Durchschuss* optisch voneinander getrennt sind. Eine gängige Methode ist der *Einzug* der ersten

☐ Ein Absatz kann mit einem Einzug und einem lichten Geviert anlaufen, besonders, wenn die Absätze aufzählenden oder summierenden Charakter haben.

■ Auch ist ein volles Geviert zur Hervorhebung durchaus möglich.

Eine Initiale gilt ebenfalls als Anfangssignal. Sie sollte mindestens über zwei Zeilen gehen. Wenn ein Text mit einem Anführungszeichen beginnen soll, wird dieses durch das Initial aufgehoben.

BEI STUMPFEM *Anlauf der Zeile können die ersten zwei, drei Wörter ausgezeichnet werden, um den Absatzbeginn zu markieren.*

Schließlich sei noch der hängende Einzug mit einem Beispiel gezeigt. Man verwendet ihn z.B. bei Kurzmeldungen anstatt oder in Kombination mit einer Spitzmarke.

Absatzzeile um ein oder mehrere Geviert(e) (im Fotosatz Angabe in Millimetern). Der Einzug kann, besonders, wenn die Absätze aufzählenden Charakter haben, zusätzlich mit einem vollen ■ oder lichten☐ Geviert, mit einem fetten Punkt ●, einem Pfeilsymbol ▶ oder anderen Markierungselementen versehen werden.

Die Umkehrung des Einzugs der ersten Zeile ist der *hängende Einzug:* Die Anfangszeile steht stumpf am Rande, während die restlichen Zeilen eingezogen sind. Dieser Anlauf wird häufig bei Rubrikenmeldungen verwendet. Wird auf einen Einzug verzichtet, bieten sich Auszeichnungen wie Versalien, Sperrungen, Fettungen, Initialen, Kursive oder Kombinationen an.

Der Vorspann

Ähnlich der Überschrift, hat der Vorspann sowohl eine inhaltliche Funktion (Zusammenfassen des Nachrichtenkerns) als auch eine typografisch-layouterische (Setzen von Grauwerten auf der Seite). Bei welchen Darstellungsformen und ab welcher Textmenge er eingesetzt wird, ist von Redaktion zu Redaktion verschieden. Ausgeschlossen ist er durchgängig bei Kommen-

Die Auszeichnung des Vorspanns
Sie läßt die vielfältigsten Möglichkeiten zu

mei. **Berlin** – *Auf dem Feld der Typografie stehen fast alle Auszeichnungsmöglichkeiten offen. Die meistverwendeten sind das Fetten, der Kursivsatz, eine Erhöhung des Durchschusses oder des Schriftgrades gegenüber der Grundschrift sowie Kombinationen davon. Seltener ist der Einsatz einer anderen Schriftart. Auch kann der gesamte Vorspann eingezogen werden. Die Mehrzahl der Redaktionen/Ressorts hat ihre Optionen standardisiert und greift nur in Ausnahmefällen auf Alternativen zurück.*

Hier z.B. ist der zweispaltig durchgesetzte Vorspann in der Times mit 9 Punkt kursiv und 10 Punkt Durchschuss abgesetzt und als ganzer Absatz eingezogen. Der Anlauf ist als Times normal (Namenskürzel) und gefettet (Ortsangabe) ausgezeichnet. Die Grundschrift des folgenden Textkörpers ist Times 8 Punkt normal und zweispaltig umbrochen tar, Glosse, Leitartikel sowie (als Faustformel) bei Artikeln unter 30 Zeilen. Aus Layout-Erwägungen werden gelegentlich kürzere Beiträge mit einem Vorspann versehen, der dann aber nicht mehr den inhaltlichen Kriterien entsprechen kann.

Nach der Überschrift dient der Vorspann dazu, das Interesse des Lesers an den Beitrag zu binden: Vor allem bei den tatsachenorientierten Darstellungsformen wie Nachricht und Bericht bündelt er die wesentlichen Fakten, Informationen und Zusammenhänge des Ereignisses oder Tatbestandes (die dem eiligen Leser reichen mögen). Bei Reportagen, Features und Storys hat der Vorspann die Aufgabe, den Leser durch einen attraktiven Einstieg in die Geschichte zu ziehen. Seine Einsatzmöglichkeiten bei der Gestaltung der Seite sind vielfältig.

Fast alles erlaubt
Die Platzierung des Vorspanns bietet große Auswahl / Redaktionsstandards beachten

UEBERALL (mm) Bei der Spaltenbreite des Vorspannes ist die Arnoldsche Formel zur Lesbarkeit eines Textes zu beachten. Zwei Spalten sollten daher nicht überschritten werden. Wesentlich größer ist dagegen das Feld der Möglichkeiten, den Vorspann im Rahmen des Textstandes unterzubringen. Es muss lediglich beachtet werden, dass der Vorspann erkennbar bleibt, und es gilt, gegebene Standards der Redaktion zu berücksichtigen.

Hier ist der Vorspann zweispaltig in 10 Punkt Garamond leicht gesetzt. Der Anlauf ist mit Fettung und Versalien ausgezeichnet. Der folgende Textkörper setzt sich einspaltig als »hängender Schenkel« in 8 Punkt Garamond leicht fort. In der Nebenspalte steht ein einspaltiger Beitrag.

Der Vorspann könnte auch zweispaltig in 10 Punkt Garamond halbfett gesetzt und rechts wie links jeweils um ein Geviert eingezogen werden. Der Anlauf bliebe mit Versalien ausgezeichnet, evtl. ergänzt durch Sperrung und/oder größeren Schriftgrad Der folgende Textkörper

Hier kommt etwas anderes

Dieser Beitrag wurde sicherheitshalber vom nebenstehenden noch durch Linien optisch abgesetzt, damit der Leser sich möglichst nicht von Stand und Lauf der zwei getrennten Artikel verwirren lässt. An dieser Stelle zu fetten oder einen größeren Schriftgrad zu wählen, wäre typografisch unschön geworden.

Die Auszeichnung des Vorspanns ist im Grundsatz in zwei Bereichen möglich, die häufig kombiniert werden: bei der Typografie und bei der Text- bzw. Spaltenbreite. In Ausnahmefällen kann auch einmal vom Standard-Zeilenfall abgewichen werden. Auf dem Feld der Typografie stehen fast alle Auszeichnungsmöglichkeiten offen. Die meistverwendeten sind das Fetten, Kursivsatz, eine Erhöhung des Durchschusses oder des Schriftgrades gegenüber der Grundschrift sowie Kombinationen davon. Seltener ist der Einsatz einer anderen Schriftart. Auch kann der gesamte Vorspann eingezogen werden. Die Mehrzahl der Redaktionen/Ressorts hat ihre Standards und greift nur in Ausnahmefällen auf Alternativen zurück.

Die Wahl der Spaltenbreite für den Vorspann ist begrenzt: Unter Hinweis auf die Arnoldsche Formel (vgl. Abschnitt »Das

Auf dem Feld der Typografie stehen nahezu alle Auszeichnungsmöglichkeiten offen. Die meistverwendeten sind das Fetten, Kursivsatz, eine Erhöh-	**ung des Durchschusses oder des Schriftgrades gegenüber der Grundschrift sowie Kombinationen davon. Seltener ist der Einsatz einer anderen Schriftart.**	**Auch kann der gesamte Vorspann eingezogen werden. Die Mehrzahl der Redaktionen oder Ressorts hat ihre Optionen standardisiert und greift nur in**

Der Vorspann kann auch einmal oberhalb der Überschrift stehen
Hier wurde er gefettet und zentriert
Die Überschrift ist unterstrichen

Die Unterstreichung einer Überschrift sollte bei seriösen Blättern die Ausnahme sein. Hier ging es darum, zu zeigen, daß auch dies eine Option sein kann. Besonders, wenn wenige Unterlängen vorhanden sind, deren Unterstreichung einer Durchstreichung gleichkä-

me und einen unschönen Eindruck macht.

Beim Vorspann wurden Spaltenlinien, oder in diesem Fall besser: Spaltentrennlinien, eingezogen, wie es bei nebeneinander stehenden Kolumnen mit zentriertem Zeilenfall zu empfehlen ist.

Eine Anordnung des Vorspanns wie bei diesem Beispiel kommt allerdings als Standard nicht in Frage, sondern sollte großer Aufmachung, Sonder- oder Themenseiten vorbehalten bleiben, die möglichst auch noch durch großzügige Illustration ergänzt wird.

121

Beispiel für eingesenkten Vorspann
Der Vorspann ist anderthalbspaltig durchgesetzt/
In die mittleren Spalten gesenkt

Wort und die Zeile«) sollte sie zwei Spalten nicht überschreiten. Anders sieht es dagegen bei der Platzierung innerhalb des Standplatzes des Beitrags aus – sofern der Vorspann ein solcher bleibt. Er kann, bei mehrspaltigen Artikeln, einspaltig am Anfang stehen oder zweispaltig. Er lässt sich, wie bei Überschriften möglich, in die mittlere(n) Spalte(n) einsenken. Bei Dreispaltern kann er zweimal je 1,5spaltig vorangestellt werden. Beim Treppenumbruch ließ er sich zusammen mit der Überschrift zwei- oder dreispaltig stellen, während der übrige Text ein- oder zweispaltig als hängender Schenkel fortlief.

Bei großformatigen Beiträgen oder Sonderseiten, zumal bei großzügiger Illustration, steht der Vorspann auch schon mal über der Überschrift. Und selbst eine zusätzliche Gestaltung mit Rahmen oder unterlegtem Raster ist nicht ausgeschlossen.

Die einzelnen Elemente des Artikels sollten nicht zu eng beieinander stehen. Lieber etwas mehr Raum geben, als zu wenig. Faustformel: Zwischen Überschrift/Unterzeile, Namenszeile, Vorspann und übrigem Textkörper jeweils mindestens den Platz einer Leerzeile der Grundschrift freihalten. Ohnehin geht es in der modernen Zeitungsgestaltung um luftige Räume.

Der Fließtext

Bei der Auswahl und Auszeichnung der Grundschrift, in der die *Textkörper* (»bodys«) gesetzt werden, gibt es im Regelfalle nur wenig Möglichkeiten, da hierbei jede Redaktion – oder zumindest jedes Ressort – auf die gewählte Standardschrift zurückgreifen muss. Und das ist im Prinzip auch gut so. Denn nichts ist verpönter als die Verwendung zu vieler Schriftarten in einem Blatt. Die Grundschrift, abgestimmt auf »Gesicht«, Charakter und Layoutraster der Zeitung oder Zeitschrift, sorgt für den Zusammenhalt des Gesamtproduktes und für den einheitlichen Eindruck. Die in Frage kommenden Schriften sind jeweils in einem *Schriftmusterbuch* zusammengestellt.

Im Abschnitt »Das Wort und die Zeile« wurde bereits darauf hingewiesen, dass als Grundschrift bevorzugt ein Schriftgrad von 8 bis 10 Punkt für Zeitungen und Zeitschriften gewählt wird, als Schnitt normal oder leicht, dabei eher eine Serifen- denn eine Groteskschrift. Der Rauhsatz ist zwar etwas im Kommen, aber gewöhnungsbedürftig, kursiv ist für längere Textpassagen ebenso ungeeignet wie Versalien oder Kapitälchen.

Die quantitative Einschränkung bedeutet jedoch keinesfalls auch eine qualitative Einengung bei der Blattgestaltung. Denn wie bereits zum Vorspann ausgeführt, und jeder Blick in eine beliebige Zeitung oder Zeitschrift wird dies belegen, genügen schon wenige Auszeichnungen, um die Grundschrift in Vielfalt zu verwenden und trotzdem Geschlossenheit zu wahren. Ergänzt werden kann die Auszeichnung durch eine Reihe weiterer Gestaltungselemente.

Das beginnt mit dem Zeilenfall. Man wird zwar einen Standard, meist den Blocksatz, wählen. Doch es spricht nichts dagegen, in sorgfältiger Beschränkung ausgewählte Rubriken wie etwa die Glosse, das Editorial, Bildzeilen und ähnliche mit Rauhsatz zu versehen. Hin und wieder entdeckt man sie sogar rechtsbündig.

> **Das beginnt mit dem Zeilenfall. Man wird zwar einen Standard, meist den Blocksatz, wählen. Doch es spricht nichts dagegen, in sorgfältiger Beschränkung ausgewählte Rubriken wie etwa die Glosse, das Editorial und ähnliche mit Rauhsatz zu versehen.**
>
> **Unsere Sichtweise**
>
> *Hin und wieder entdeckt man sie sogar rechtsbündig.*
> *Bei diesem Beispiel ist kursiver, gefetteter Rauhsatz gewählt; der Text wurde zusätzlich in einen Kasten gestellt und mit einem 10%-Raster unterlegt.*
> *Der Kolumnentitel ist nach Art eines Zwischentitels in den Text eingeblockt und negativ.*

Auch eine Fettung außerhalb des Vorspanns ist nicht grundsätzlich von der Hand zu weisen. Doch Vorsicht, sie signalisiert besondere Wichtigkeit. Ein gefettet abgesetzter Artikel muss dieses Versprechen einlösen. Daher wird es eher vorkommen, dass nur ein Absatz, der Kernaussagen enthält, im Rahmen des Textes derart hervorgehoben wird. Ein Sonderfall ist die Wiedergabe eines Interviews, bei der häufig die Antworten des Interviewpartners beispielsweise (halb-)fett ausgezeichnet sind, während die Fragen in der Grundschrift oder kursiv erscheinen. Eine derartige *Schnittmischung* wie etwa fett/normal sollte sich auf wenige, begründete Fälle beschränken, etwa wenn ein Wort oder Begriff hervorgehoben werden soll (wie es auch bei ihrem Auftreten im Anlauf des Vorspanns zu verstehen ist).

Vor einer *Schriftmischung* gar kann nur gewarnt werden. Eines der wenigen akzeptablen, ja gelungenen Beispiele scheint mir der ehemalige Titelzug des britischen `Guardian`:

The **Guardian**

Ein Formsatz, also ein Satzbild, das eine Figur formt oder einer Figur wie freigestellten Partien eines Fotos folgt, ist eine Möglichkeit für Sonder- oder großen Themenseiten.

Absätze unterteilen längere Texte. Solche Abschnitte, auch »Alineas« genannt, sind meist plusminus 15 Zeilen lang und fassen Sinn- oder Gedankeneinheiten zusammen.

Ein Formsatz, also ein Satzbild, das eine Figur formt oder einer Figur wie etwa freigestellten Partien eines Fotos folgt, ist eine Möglichkeit, die sich bei Sonder- oder großen Themenseiten anbietet. Ein Formsatz, also ein Satzbild, das eine Figur formt oder einer Figur wie etwa freigestellten Partien eines Fotos folgt, ist eine Möglichkeit, die sich bei Sonder- oder großen Themenseiten anbietet. Ein Formsatz, also ein Satzbild, das eine Figur formt oder einer Figur wie etwa freigestellten Partien eines Fotos folgt, ist eine Möglichkeit, die sich bei Sonder- oder großen Themenseiten anbietet. Ein Formsatz, also ein Satzbild, das eine Figur formt oder einer Figur wie etwa freigestellten Partien eines Fotos folgt, ist eine Möglichkeit, die sich bei Sonder- oder großen

Ohne Absätze wirkt ein Text massiv und unattraktiv; zu viele Alineas hingegen können den Lesefluss stören. Die auflockernde Wirkung der Absätze wird verstärkt, wenn sie durch erweiterten *Durchschuss* (bis hin zu einer Leerzeile) getrennt oder durch einen Einzug bei ihren Anläufen betont werden. Wichtige Textabschnitte oder Texte auf besonders gestalteten Seiten (sowie bei manchen Zeitschriften) können auch mit einem besonderen Anlauf, etwa einem Geviert, einer Initiale oder ähnlichem (vgl. den Abschnitt »Der Anlauf«) ausgezeichnet werden. Zusätzlich bietet sich die Verwendung von Zwischentiteln an.

Zwischentitel (Zwischenüberschriften) gliedern längere Textpassagen und lockern sie auf. Als noch mit Blei gearbeitet wurde, mussten die Redakteure häufig Zwischentitel schreiben, damit die Seite überhaupt geschlossen werden konnte.

Hier bieten sich zwei Vorgehensweisen an: Einmal die Orientierung am Inhalt; das heißt, dass der Text des Zwischentitels, meist ein Stichwort oder eine Aussage, Bezug nimmt auf den/die nachfolgenden Absatz/Absätze. Die zweite Methode zielt **eingeblockt** eher auf die optische Wirkung der Seitengestaltung. Hierbei wird weniger Rücksicht auf die inhaltliche Stimmigkeit genommen und bei der Platzierung der Zwischentitel layouterischen Erwägungen gefolgt, so dass deren Inhalt nicht unbedingt mit dem direkten Textumfeld übereinstimmt.

Zwischentitel können zwischen zwei Absätze gestellt oder in einen Absatz *eingeblockt* werden. Auszeichnung, Schriftgrad und -schnitt sowie andere Gestaltungsweisen unterliegen häufig den redaktionellen Standards.

Ob Spaltenlinien verwendet werden, entscheidet sich bereits bei der Wahl des Grundlayouts und hängt auch vom Format und der Spaltenzahl ab. Diese Linien werden von vielen Vertretern der Zunft als ein wenig überkommen und konservativ angesehen (und wirken wohl auch so), obschon sie eine gliedernde Funktion haben und auch auf die Dynamik einer Seite einwirken.

Viele Zeitungen und Zeitschriften entscheiden sich für einen freien *Zwischenschlag* (wie der Spaltenzwischenraum heißt). Daneben stehen die (Artikel-)Trennlinien, deren ordnend-orientierende Funktion, zumal beim Treppenumbruch, nicht zu gering zu schätzen ist.

Auch der Kompress-Satz ist eine Erscheinungsform des Textkörpers, obschon er in der Mehrzahl der Fälle weniger beabsichtigt als vielmehr ein Notbehelf ist, falls inhaltlich nicht mehr eingegriffen werden konnte. Hier wird der Durchschuss verringert; es passen also mehr Zeilen in eine Spalte. Mit ihm lässt sich etwa ein Hurenkind vermeiden oder ein zu lang geratener Text doch noch im vorgesehenen Standplatz unterbringen. Besonders unschön wird es, wenn nur ein Teil des Textes kompress gerät.

Ähnlich ist es – vom Vorspann abgesehen – beim nur teilweisen Austreiben des Durchschusses, also der Vergrößerung des Zeilenabstandes: Damit wird meist zu kurz geratener Text »aufgeblasen« oder ebenfalls ein Hurenkind vermieden.

Die Wahl einer anderen Schriftart oder gar Schriftgruppe ist eine weitere Möglichkeit der Text- bzw. Seitengestaltung. Sie sollte sich jedoch, und dies ebenfalls standardisiert, auf die Auszeichnung ständig wiederkehrender und von der Redaktion besonders betonter Rubriken beschränken, etwa auf Kommentar/Leitartikel oder Glosse.

Auch das *Austreiben* ist eine Erscheinungsform des Textkörpers, wenn er auch in der Mehrzahl der Fälle weniger beabsichtigt als vielmehr ein Notbehelf ist, falls inhaltlich nicht mehr eingegriffen werden konnte.

Auch der *Kompress-Satz* ist eine Erscheinungsform des Textkörpers, wenn er auch in der Mehrzahl der Fälle weniger beabsichtigt als vielmehr ein Notbehelf ist, falls inhaltlich nicht mehr eingegriffen werden konnte. Beim Kompress-Satz wird der Durchschuss verringert.

Fotos und Illustrationen

Das Foto und seine Funktionen

Wohl auf keinem Gebiet hat sich seit dem Erscheinen der 2. Auflage dieses Bandes die Zeitungsgestaltung derart tiefgreifend, um nicht zu sagen: revolutionär, verändert wie beim Foto. Das gilt für seine Herstellung ebenso wie für seine Beschaffung/seinen Bezug und seine Bearbeitung. Bis in die 90er Jahre dominierte das »klassische« Pressefoto, das in der Redaktion entweder per Bildfunk oder als traditioneller Abzug einging. Das professionelle Exemplar maß 21,5 x 16,5 cm, war schwarz-weiß (insbesondere, wenn kein Farbdruck möglich oder vorgesehen war) und besaß gute Kontraste (möglichst wenige Graustufen oder Halb- und Zwischentöne). Auf der Rückseite befanden sich einige erläuternde Angaben sowie ein Copyright- oder Urheberrechts-Vermerk.

Um die Jahrtausendwende begann das Digitalfoto seinen Siegeszug. Seine Vorzüge liegen vor allem darin, dass – von der Speicherkarte in der Kamera abgesehen – kaum noch Materialien wie Negativfilm, Fotopapier, Chemikalien für Entwicklung und Abzug benötigt werden, kaum physikalische Archive und Lagerraum, ebensowenig spezielle Räume und (Foto-)Labore – nebst deren Personal –, und dass es bequem bearbeitet, archiviert und (online) versandt werden kann. Seine Nachteile liegen bei der minderen Fotoqualität (zumindest in den Augen vieler professioneller Fotografen und Fotojournalisten) sowie der nahezu unbegrenzten Manipulationsmöglichkeiten, gepaart mit mangelhaftem bis fehlendem Urheberschutz. 🖳

Generationen von Zeitungsmachern galt es fast wie ein Glaubenssatz: Anders als in der Werbung oder auf den Titelseiten etwa von Publikumszeitschriften dienen Illustrationen und Fotos in den Zeitungen grundsätzlich nicht als Blickfang (und dann als Auslöser von Kauf- oder anderen Reizen), sondern als typografische und inhaltliche Ergänzung. Das heißt, Fotos haben in der Regel keinen zentralen Stellenwert und werden auch nicht um ihrer selbst willen verwendet (wiewohl nicht verkannt wurde, dass bestimmte in der Presse veröffentlichte Fotos Gefühle oder Instinkte ansprechen sollen).

Diese These wurde bereits 1990 fundamental erschüttert. Forscher am Poynter Institute in Florida fanden damals in einer Untersuchung heraus: Zeitungsleser »steigen« stets über ein Bild in eine Seite »ein« (sofern vorhanden, natürlich) und nicht über eine Schlagzeile. Und: Kein Element findet in Zeitungen so viel Aufmerksamkeit wie Fotos und Grafiken. Die Mehrzahl der Leser beginnt laut dieser Studie ihre Lektüre mit den Fotos (85 Prozent), danach kommen die Bildunterschriften. Erst dann folgen Schlagzeilen/Überschriften, Vorspänne und Zwischentitel als sogenannte Eintrittstore. Nur vier Prozent beginnen mit dem *Aufmacher*. Und auch *Schlagzeilen* bzw. Überschriften werden weitaus eher zur Kenntnis genommen, wenn neben ihnen ein Bild steht. (Methodisch ist zwar anzumerken, dass das Hauptaugenmerk der Studie auf den Titelseiten lag und sie anhand von drei Regionalzeitungen durchgeführt wurde; das dürfte den Erkenntnisgewinn jedoch nicht erheblich schmälern.)
Fotos können dem Leser in unterschiedlichen Funktionsgattungen präsentiert werden.

Das Solo- oder Versalfoto: Diese Gattung dient nicht zur Illustrierung oder Ergänzung eines Textes, sondern ist ein selbständiges »item« auf der Seite. Ein Foto sollte grundsätzlich mit einer Bildzeile bzw. Bildunterschrift versehen sein. So auch ein Versalfoto, dessen Text, einer Spitzmarke vergleichbar, bei den ersten Wörtern oder der ersten Zeile in Versalien (Großbuchstaben) gesetzt ist; daher seine Bezeichnung als Versalfoto. Mittlerweile werden auch andere Auszeichnungen dieses Anlaufs gewählt.
Thematisch sind diese Versalfotos
– ein (nachrichtliches) *Dokumentarfoto*, zu dem (noch) kein weiteres Textmaterial vorliegt (siehe auch Vorab-Foto);
– ein *Featurefoto*, wie es z.B. auf den »bunten« Seiten zu fin-

(Typo-)Grafisch ergänztes Foto

den ist: eine frappierende Situation, eine überraschende Perspektive, eine Skurrilität;

- ein *Stimmungsfoto* wie das vom ersten Schneeglöckchen im Stadtpark;
- ein *Vorab-Foto*, meist auf den Mode- oder Auto-Seiten zu finden (Die 2007er-Modelle wurden gestern…).

Außerdem werden Versalfotos auf der ersten Seite wie eine *Anriss-Meldung* oder Inhaltsankündigung eingesetzt (Lesen Sie dazu auf S.4). Versalfotos werden üblicherweise mit ihrem Text in einen Kasten gestellt, weil und wodurch sie einen eigenständigen Charakter auf der Seite besitzen.

Die weitaus meisten Fotos werden zur Illustration eines Beitrags (sowie natürlich auch zur Auflockerung der Seite) verwendet. Sei es, dass sie schlecht Beschreibbares darstellen, dem Beitrag Authentizität verleihen oder dem Leser einen geschilderten Sachverhalt veranschaulichen. Oftmals werden Fotos so platziert, dass der Leser überhaupt erst auf die Geschichte aufmerksam bzw. auf die Lektüre neugierig gemacht wird. Lebendige Pressefotos sind manchmal wirksamer als sensationelle Schlagzeilen und aussagekräftiger als Wortbeiträge. Plazierung, Dimensionierung, Ausschnitt-Wahl und *Beschnitt* können erheblich dazu beitragen. Leider gibt es – zumal bei den üblichen Beschaffungswegen (Bildagenturen, lieblose Auftragsvergabe und noch lieblosere Bezahlung bei den freischaffenden Fotojournalisten) – nur wenig wirklich gutes Material an Pressefotos und ebenso wenig gute Bildredakteure.

Porträtfotos reichern ein Interview oder Personenporträt an, zeigen Opfer oder Handlungsträger eines nachrichtlichen Vorgangs oder personalisieren ein Ereignis.

Gerade bei dieser Gattung ist jedoch eine bedauerliche Routine festzustellen: Gewiss ist es schwierig, einen Vertragsabschluss zwischen zwei Staaten oder die xte Berliner Pressekonferenz zu illustrieren. Aber müssen es stets die endlosen Händeschüttelfotos und die sattsam bekannten Grinsebilder der Politiker sein?

Man muss dabei ja nicht gleich so weit gehen wie die konservative Athener Zeitung Kathimerini (»Die Tägliche«). Die brachte am 31. März 1985, vergrätzt durch die Personalpolitik des Ministerpräsidenten Papandreou (oder doch als Aprilscherz?), auf der ersten Seite einen leeren Fotorahmen mit folgender Bildunterschrift: Von der gestrigen Vereidigung des Herrn Christos Antonios Sartsetakis, der am morgigen 1. April das Amt antritt. Zu erkennen sind ferner der (namentlich nicht genannte!, M.M.) Ministerpräsi-

dent, I. Alewras (der Parlamentspräsident, M.M.), G. Mawros, I. Sigdis, Nikitas Venizelos, N. Psaroudakis etc., die politische Führung des Landes. Die zwei Abgeordneten der PASOK, die gegen Sartsetakis stimmten, sind auf dem Foto nicht zu erkennen.

Auch als Kommentar können Fotos eingesetzt werden. Sei es, dass sie ein Ereignis oder ein Anliegen der Redaktion besonders drastisch illustrieren, sei es, dass der (Bild-) Redakteur eines auswählt, das etwa einen Politiker der Gegenseite besonders ungünstig darstellt. Unschlagbar ist gewiss die eingangs zu diesem Kapitel gezeigte Seite Eins der Athener Tageszeitung Ta Nea (»Die Nachrichten«), die als ehemalige Parteigängerin der PASOK am 16.6.84 unter der Schlagzeile NIKASAME – WIR HABEN GESIEGT den Wahlsieg Papandreous mit einem ganzseitigen Foto illustrierte, das Hunderttausende in der Wahlnacht bei der Siegesfeier auf dem taghell erleuchteten Athener Syntagmaplatz zeigt. Oder ein weiteres Beispiel aus Griechenland, wo man augenscheinlich besonders experimentierfreudig ist: Die Eleftherotypia (»Freie Presse«), die am 29.9.1987 ihre Titelseite wie das Titelbild einer Zeitschrift gestaltete. Mit einer schwarzen Fläche und dem Begriff SOS machte die Zeitung auf die unerträgliche Luftverschmutzung in Athen aufmerksam. Mitteleuropäische und anglo-amerikanische Blätter zeigten derart »gewagte« Einser-Seiten nach meiner Beobachtung erstmals mit Illustrationen zum 11. September 2001.

Auswahl und Bearbeitung

Ist die Entscheidung gefallen, einen Beitrag zu illustrieren, kommt es zunächst auf die Auswahl des Fotos an – sofern man über mehrere Aufnahmen zum Thema verfügt. Bei überregionalen und internationalen Ereignissen sind die meisten Redaktionen auf das Material der Foto- und Nachrichtenagenturen angewiesen, die in den meisten Fällen nur eine Darstellung anbieten

(welche im übrigen auch den anderen, gar konkurrierenden, Redaktionen vorliegt). Anders sieht es aus, wenn ein Fotograf oder Redaktionsmitglied mit dem »covern« der Geschichte beauftragt werden konnte. Manchmal hilft das hauseigene oder ein externes Fotoarchiv weiter. Große Redaktionen und namentlich die Illustrierten beschäftigen spezielle Bildbeschaffer.

Der nächste Schritt ist die Bildbearbeitung. Der Redakteur bestimmt jetzt die Wiedergabegröße des Fotos auf der Seite und legt gegebenenfalls den *Bildausschnitt* fest. Denn häufig ist die Heraushebung eines Szenenteiles oder gar Details interessanter und informativer als die gesamte Aufnahme. (Wo das Bild nicht elektronisch am Bildschirm bearbeitet wird, ist das klassische »Abkleben« die wohl sinnvollste Methode: Hierbei wird die Fotovorlage mit Transparentpapier abgedeckt und darauf der gewünschte Ausschnitt markiert.)

Zu diesem und den folgenden Abschnitten:
Evans, Harold: Editing and Design, Book 4: Picture Editing, London 1976[2], repr. 1982
Sachsse, Rolf: Bildjournalismus heute (Journalistische Praxis), München 2003
Turtschi, Ralf: Praktische Typografie. Gestalten mit dem Personal Computer, Sulgen (CH) 1995[2]

Das Kontern eines Fotos ist dessen spiegelbildliche Wiedergabe. Kontern muss man, wenn Bewegung/Dynamik des Bildinhaltes bei einem Foto in den äußeren Spalten aus dem Satzspiegel bzw. der Seite drängt: So, wenn bei der Aufnahme von einem Autorennen die Wagen gleich über die Papierkante zu fallen drohen. Auch die Blickrichtung der Person auf einem Porträtfoto auf den äußeren Spalten darf nicht zum Blattäußeren gehen. Es ist beim Kontern darauf zu achten, dass es dem Leser nicht augenfällig wird oder sogar zu Fehlern führt. So kann natürlich Schrift auf dem Foto nicht spiegelbildlich erscheinen oder in Frankfurt Linksverkehr herrschen. Lässt sich ein Foto aus derartigen Erwägungen nicht kontern, sollte man seinen Standplatz auf der Seite ändern oder ein anderes wählen. In Kauf genommen wird hingegen schon einmal, dass z.B. der Scheitel eines Abgebildeten von rechts nach links wandert.

Grafische Elemente können ein Foto ergänzen, das zeigt die Darstellung Seite 129 (hier mit eingezogenem Kasten). Oder das Foto wird freigestellt (Entfernung von Hintergrund, vgl. Seite 135). Ein Foto lässt sich ferner in eine Strichzeichnung (siehe Seite 136) umwandeln. Auch die Möglichkeit des Einkopierens von Text (ebenfalls Seite 129) wird nur selten bedacht. Schließlich: Ein Foto muss nicht immer rechteckig präsentiert werden; gerade bei Porträts sieht man auch eine Darstellung als Kreis oder als ovales Medaillon (Seite 135). Ohnehin sind der Bearbeitung von (digitalen) Bildern am Monitor kaum noch technische, sondern höchstens Grenzen des Geschmacks gesetzt.

Auf eine Bildunterschrift sollte im Regelfalle nicht verzichtet werden. Dies nicht allein, weil die Bild(unter)zeile, wie eingangs dieses Kapitels erwähnt, als wesentliches »Eintrittstor« für die Lektüre dient. Bildunterschriften gehören zu den wichtigsten Elementen, und ihnen gebührt mehr Beachtung, als ihnen üblicherweise in vielen Redaktionen zukommt. Handelt es sich nicht ohnehin um ein Versalfoto, kann es im Einzelfall nach Mei-

Bildausschnitt...

nung mancher sogar nützlich sein, wenn der zugehörige Text-beitrag noch nicht vorliegt, damit er die Bildunterschrift nicht beeinflusst.

Zum Inhalt der Bildzeilen gibt es unterschiedliche Positionen und Möglichkeiten. Eine besagt, dass hier eine Art Bildbetrachtung oder -beschreibung hingehört. Eine andere, dass eine Textpassage wiederholt oder paraphrasiert wird. Eine dritte, dass hier der Raum für zusätzliche Informationen oder Erklärungen gegeben ist.

Nicht immer beachtet wird der an sich selbstverständliche Hinweis, dass die Bildaussage nicht im Widerspruch zum Bildtext stehen soll: Bei der Meldung über den Tod einer Person ist ihr Konterfei mit strahlendem Lächeln natürlich Unsinn.

Bei der Abfassung einer Bildunterschrift oder -legende sollten weiter folgende Gedanken berücksichtigt werden:

...und Freistellung

Hier das Ergebnis
der Anweisung auf
dem »abgeklebten«
Foto der Seite 134

■ Auch wenn im Grundsatz der Blickfang im Bild den Ausgangspunkt für den Text darstellt, ist es nützlich, sich das Foto genau zu betrachten. Suchen Sie »das Bild im Bild«.

■ »Ein Bild sagt mehr als tausend Worte.« Deshalb gilt zum einen, sich kurz zu fassen, zum anderen aber dennoch, dem Leser eine Erklärung anzubieten.

■ Dargestellte Personen sollen benannt werden; jedenfalls, sofern sie erkennbar sind und es von ihrer Zahl noch möglich ist.

Foto als Medaillon

■ Die Bildaussage kann oftmals mit einem Aspekt des Beitrages verbunden werden, den das Foto illustriert.

■ *Archivfotos* oder anderes inaktuelles Bildmaterial sollte als solches ausgewiesen werden.

■ Dem Leser nützt Information mehr als Interpretation.

137

Foto in Strich- zeichnung umgewandelt

Regelrecht putzig wirkt es allerdings, wenn ein Schwarz-weiß-Foto laut Bildzeile »das farbenfrohe Werk« einer Ausstellung zeigt oder die Unterschrift zum Bild auf seite 136 derart anläuft: **»Besser geht's nicht.** Der Goldene Oktober bleibt uns auch in den nächsten Tagen erhalten...«

»Putzig«

Gold und Silber

Der Platz der Bildunterschrift, ihr Name sagt es, ist unter dem Foto oder zumindest in dessen unmittelbarer Nähe. Im Regelfalle wird sie durch Fettung, Kursivierung oder die Wahl einer anderen Schrift ausgezeichnet. Bei Zeitungen seltener, bei Zeitschriften häufiger wird sie *in* das Bild gestellt, sofern der Hintergrund dies zuläßt und der Bildinhalt nicht gestört wird. Bei höheren Grauwerten (ab 40%) ist *Negativtext* zu wählen. Es gilt jedoch zu beachten, dass er mühsamer zu lesen ist und in jedem Fall einen größeren Schriftgrad erfordert.

Wenn man nur ein Foto hat, der Beitrag aber mit mehreren Fotos versehen werden soll, ist das nicht unbedingt schlimm. Es können sogar im Gegenteil reizvolle Effekte erzielt werden, wenn dieses in verschiedenen Ausschnitten, Beschnitten, Formen, Formaten, Farben, oder mit unterschiedlichen grafischen Elementen versehen, eingestellt wird. Die mehrfache Verwendung nur einer Abbildung wird auch »Henne-und-Küken-Prinzip« genannt. Dabei wäre dann beim Beispiel dieser Seite das große Bild links unten die »Henne«, die kleine Replik oben links das »Küken«. Läuft der Beitrag über mehrere Seiten, kann das »Küken« auf jeder Seite platziert werden, um die Dazugehörigkeit und somit eine »Strecke« zu signalisieren.

Liegen mehrere Fotos zu einem Beitrag vor, gibt es verschiedene Möglichkeiten der Plazierung: Zunächst die einer Verteilung über die Seite (es wird sich dann meist um ein die Seite dominierendes Thema handeln, da nur umfangreiche Beiträge mit mehreren Illustrationen versehen werden). Daneben (zumal, wenn es um eine Serie mit gleichen oder ähnlichen Motiven geht) als horizontale oder vertikale *(Foto-)Leiste,* wie sie Seite 139 zeigt. Drittens als *Gruppe* (oder neudeutsch »Cluster«), wie es auf den Seiten 183-185 angedeutet ist. Weiterhin können Fotos derart angeschnitten werden, dass sie sich *partiell überlappen* Seite 183). Von einer *Fotostrecke* ist dann die Rede, wenn in einer Zeitschrift mehrere aufeinanderfolgende Seiten mit zusammengehörigen Fotos – etwa eine Fotoreportage – erscheinen. Wird ein kleineres Foto in ein größeres montiert, spricht man vom *Einklinken.* 💻

Richtig unschön wird es, wenn die Nachtigall nicht trapst, sondern regelrecht mit Nagelstiefeln daherkommt und der »Promotion« zuviel des Guten getan wird. Bei diesem Beispiel knistert nicht nur der Kamin:

Es knistert im Kamin

Fotoleiste

Illustrationen

Die Karikatur ist die publizistisch wohl wichtigste und auch die bekannteste Form der Illustration in Zeitungen und Zeitschriften. Im 16. Jahrhundert in Italien entstanden, kam die überzeichnende Darstellung von Personen und Sachverhalten über England und Frankreich zu uns. Sie wird von den Redaktionen als Kommentar zu aktuellen Vorgängen gesehen und entspre-

Karikatur I

Cummings, Winnipeg Free Press (Kanada) C&W Syndicate

Ein Beispiel für eine gelungene Karikatur: Der Zeichner benötigte keinen Schriftzug in der Karikatur und auch keine Unterzeile, um seine Aussage zu verdeutlichen. Solche Karikaturen sind allerdings zeitgebunden. Schon ein Jahr später versteht der Betrachter nicht mehr unbedingt, was der Zeichner meinte. Die Karikatur hier stammt vom Januar 1991, als der irakische Diktator Saddam Hussein dem UN-Ultimatum zur Räumung des von ihm besetzten Kuweit nicht nachkam.

chend prominent platziert: bei den Zeitungen etwa auf der ersten oder der Meinungsseite, bei Publikumszeitschriften und Illustrierten im Magazinteil. Daneben dient sie bei Tages- und Wochenzeitungen als optische Auflockerung. Aufmachung und Standplatz sind meist standardisiert.

Entsprechend dem zugebilligten Stellenwert der Karikatur wird sie von einem Stamm dem Hause verbundener Karikaturisten oder einem angestellten Hauszeichner angefertigt.

Karikaturen können auch über spezielle Dienste bezogen werden. Das ist meist billiger, hat aber den Nachteil, dass man nicht über exklusives oder aktuelles Material verfügt.

Karikatur II

Ein Beispiel für eine weniger gelungene Karikatur: Der Zeichner benötigt vier Schriftzüge um deutlich zu machen, was er meint (High-Tech, Industrie, Bonn und Exportkontrolle). Ein offensichtliches Indiz dafür, daß es ihm nicht gelungen ist, für diese Begriffe auf bekannte oder nachvollziehbare Symbole zurückzugreifen.

Gute Karikaturen zeichnen sich im übrigen dadurch aus, dass sie – jedenfalls in der Zeichnung – ohne Wörter auskommen, schlechtere Karikaturisten schreiben auf Personen oder Gegenstände, wen/was sie darstellen oder symbolisieren sollen. Dass Karikaturen in der Mehrzahl der Fälle politisch oder ideologisch befrachtet sind, versteht sich fast von selbst. Welche Gefahren der Stereotypisierung oder, schlimmer, der Verhetzung in Karikaturen liegen können, dessen sollte sich jeder für deren Auswahl verantwortliche Redakteur bewusst sein.

Pressezeichnungen haben eine ähnlich lange Tradition wie die Karikatur. Bevor es Fotos in Zeitungen gab, illustrierte man mit Zeichnungen. Heute werden sie eingesetzt, wenn kein Foto greifbar oder ein Vorgang nicht fotografisch darstellbar ist, ein Beitrag aber optisch ergänzt oder angereichert werden soll.

Pressezeichnung

Die Rechtsanwälte Hubert Dreyling und Winfried Matthäus mit ihrem Mandanten Harry Tisch (dritter von links) in Saal B 129 des Berliner Landgerichts

Schaubild

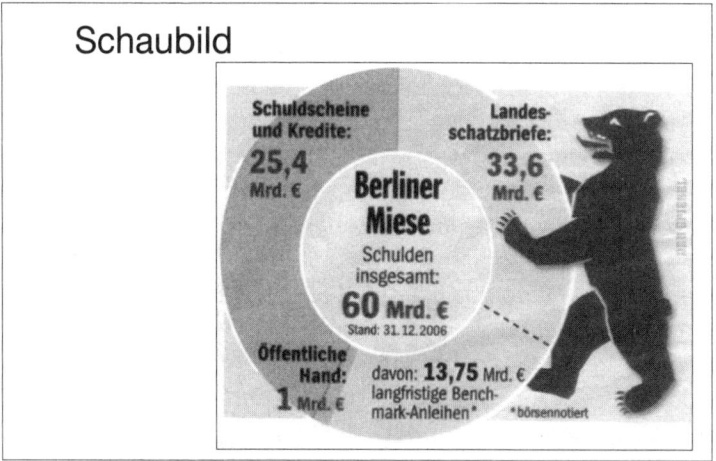

Eine verbliebene Domäne der Pressezeichnung ist der Gerichtssaal (und war bis in die 80er Jahre z.B. das britische Parlament), weil dort das Fotografieren während der Verhandlung nicht zugelassen ist.

Schaubilder, Karten und grafische Darstellungen erläutern oder ergänzen meist Themen und Zusammenhänge, die fotografisch nicht darstellbar sind: vor allem statistisches und anderes Zahlenmaterial, das der Leser als bloßen Text nur schwer oder gar nicht erfassen würde. Sie sind hauptsächlich auf den Wirtschafts- und den Politikseiten vertreten.

Das Material wird meist von Agenturen und Diensten bezogen – was angesichts des mühseligen und oft heiklen Umgangs gerade mit Statistiken auch verständlich ist. Mit dem Einzug von Desktop-Publishing und Grafikcomputern in die Redaktionen setzte ein Wandel bei der Anfertigung und Präsentation dieser Illustrationen ein (vgl. den folgenden Abschnitt »Infografiken«).

Hergangsdarstellungen gehören ebenfalls zu dieser Gruppe: Wie die »Rififi«-Einbrecher an den Tresor gelangten oder über welche Spielerstationen das glorreiche Tor geschossen wurde, kann der Leser durch eine Zeichnung erfahren.

Witzzeichnungen, Cartoons und Strips sind seit dem Entstehen der »Yellow Press« vor über hundert Jahren nicht nur aus den anglo-amerikanischen Blättern nicht mehr wegzudenken. Zwar gehen die Zeitungen und Zeitschriften quantitativ und qualitativ höchst unterschiedlich bei der Verwendung dieser Elemente vor, doch selbst die Qualitätszeitungen bringen ihren Lesern in den Wochenendausgaben derartigen Stoff. Das Material ist hochgradig »syndikatisiert«, d.h. es wird fast ausschließlich von spezialisierten Agenturen und Diensten vermarktet (zumal es sich namentlich bei Cartoons und Strips überwiegend um ausländische Produkte handelt).

Künstlerische Zeichnungen, Grafiken und Reproduktionen werden unterschiedlich verwendet: als Titelbild einer Zeitschrift, als Illustration zu Kurzgeschichten, (Fortsetzungs-)Romanen oder umfangreicheren Zeitschriftenbeiträgen, als Erläuterung auf den Mode- und Kosmetikseiten, als ergänzende oder zierende Darstellung im Feuilleton oder Kulturteil.

Infografiken

Ein frisches Motto breitete sich Anfang der 90er Jahre in der Zeitungswelt aus; es lautet: »Dreieinigkeit der grafischen Information«. Gemeint ist hiermit der damals neue Ansatz in der Zusammenführung der drei visuellen Ausdrucksformen Schrift, Foto und Illustration, mit denen in einem Druckmedium ein Gedanke oder Sachverhalt dargestellt wird – die Infografik.

Den Einsatz der Infografiken ermöglichten und förderten zwei Umstände: Zum einen die Entwicklung bei den Computern, gerade der PCs und ihrer Grafikfähigkeiten. Zum anderen geschahen Ereignisse, die den Bedarf an und den Nutzen von Informationsgrafiken schlagartig belegten. Es waren 1986 das »Challenger«-Unglück und die Katastrophe von Tschernobyl, die geradezu einen Boom an grafischen Darstellungen in der Tages-

Infografik I

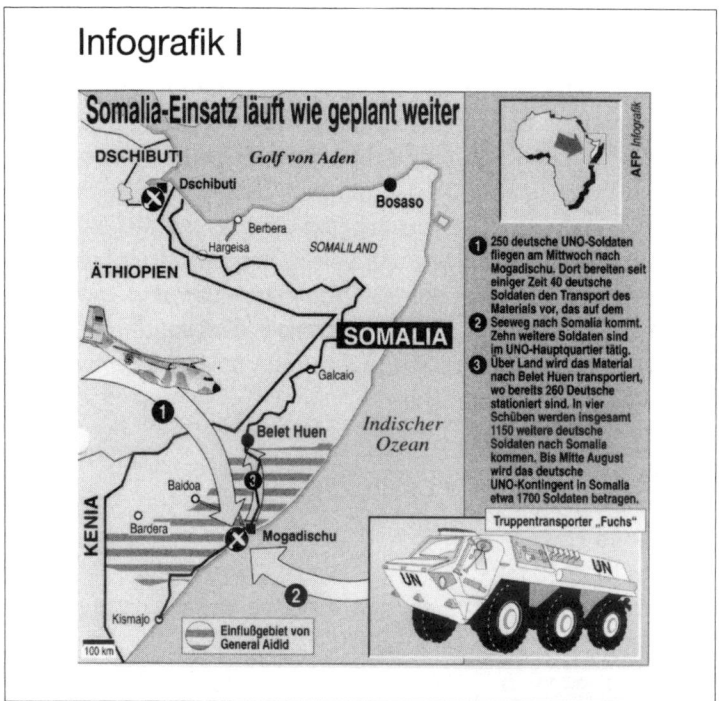

presse auslösten, weil wegen der Komplexität der Problematik und Hintergründe Erklärungen in Wort und Foto nicht ausreichten. Und im Januar 1991 gab der 1. Golfkrieg der Verwendung von Infografiken einen weiteren Auftrieb, da wegen der Militärzensur nur wenig Fotomaterial vom Kriegsschauplatz zur Verfügung stand.

Allgemein bekannt wurden die Infografiken zweifellos durch die Tageszeitung USA Today, in der sie, etwa mit ganzseitigen Wetterkarten (einem naheliegenden Haupteinsatzfeld), geradezu Orgien feiern. In Deutschland war es der Focus, der neue Maßstäbe setzte (und denen Der Spiegel offensichtlich eher nolens-volens folgte). Unter den Tages- und Wochenzeitungen stach Die Woche hervor.

Der Bezug von Grafiken, Karten oder Diagrammen über spezielle Dienste war zunächst nichts Neues (vgl. den vorhergehenden Abschnitt). Nur hatten vor allem die Schaubilder, von ihrer recht hausbackenen Art abgesehen, einige Nachteile: Jeder Bezieher hatte sie und damit dieselben; sie waren nicht veränder- oder bearbeitbar; Aktualität, Inhalte und Darstellungsformen konnten vom Abnehmer nicht beeinflußt werden. Nun aber standen die Mikrocomputer zur Verfügung. Sie ermöglichen die eigene Erstellung oder den elektronischen Versand und Empfang von Grafiken und vor allem deren relativ einfache individuelle Bearbeitung durch den Empfänger; von ihrer komplexeren Darstellung ganz abgesehen.

Mittlerweile stehen den Kunden aller Nachrichtenagenturen Infografiken aus deren Datenbanken zur Verfügung.

Auch die Zeitungsgestalter stürzten sich beim »relaunch« der Blätter gern auf diese Präsentationsform, ohne die es nicht mehr zu gehen schien: Verwiesen wurde auf die durch Fernsehen, Video und Internet geprägten Rezeptionsgewohnheiten des Publikums. Das ging bis zum Credo des Chefredakteurs eines Zeitgeist-Magazins: »Nachhaltige Aufmerksamkeit erzielt nur, wer sich dem Bedarf und den veränderten Gewohnheiten optimal angleicht und die Botschaft zeitgemäß verpackt.« Man sprach vom »Textdesign«, dem sich »die Texte schon mal unterordnen« müssten. »Der eigentliche Artikel«, so der Chefredakteur des InfoMatin in Paris, »ist da fast nur noch ein Zusatz.«

Natürlich spricht nichts gegen den gezielten und moderaten Einsatz der Infografiken, wenn sie die Information des Lesers stützen oder ihn überhaupt erst auf ein Thema aufmerksam machen. Eine Infografik muss sich dem Stil des Blattes anpassen, so dass etwa Fremdgrafiken von Agenturen entsprechend zu bearbeiten sind. Dies gilt besonders für Schriften, Linien und typografische Elemente, die denen des Produktes gleichen müssen. Ein festgelegter Stil muss beibehalten werden, um die Kontinuität des Erscheinungsbildes nicht zu stören (dies weist auch auf personelle Kontinuität hin).

Für Anzahl wie Inhalt der Infografiken gilt weiterhin, dass weniger mehr ist. Überfrachtete Darstellungen verfehlen das Ziel einer kompakten Information oder Veranschaulichung komplizierter Sachverhalte, zu viele Grafiken erschlagen sich gegenseitig. Andererseits ist auch ein Zuwenig nicht sachdienlich. Fast überladen ist dagegen die Darstellung auf Seite 145, die recht viel Text und zuviel Kleinteiliges aufweist. Vorbildlich erscheint die Infografik Seite 146: Die Grafik verdeutlicht optisch einfühlsam den Gegenstand (Kanaltunnel), die Beschriftung ist zurückhaltend, die Landkarte informiert zusätzlich ohne

überflüssige Details, das Foto stellt den Ralitätsbezug her.
Einzig die Komposition mit dem kompakten Artikeltext (zu) eng
an der Grafik ließe sich verbessern.

Der »hype« um die Infografiken ist jedoch seit einigen Jahren
erheblich abgeflaut. In manchen Tageszeitungen tauchen sie
spärlich, in anderen so gut wie überhaupt nicht mehr auf (was
allerdings auch auf eine entsprechende Personalausdünnung
schließen lassen kann, denn zur entsprechenden grafischen
Umsetzung bedarf es schon der Fachleute). Andererseits ver-
ändern sie ihren Auftritt: von der bloßen »Erklärhilfe« zum –
teilweise dominierenden – Element der Seitengestaltung.
Ein hübsches Beispiel zeigt die Darstellung auf der folgenden
Seite, eine Doppelseite aus der Berliner Zeitung.

Infografik III

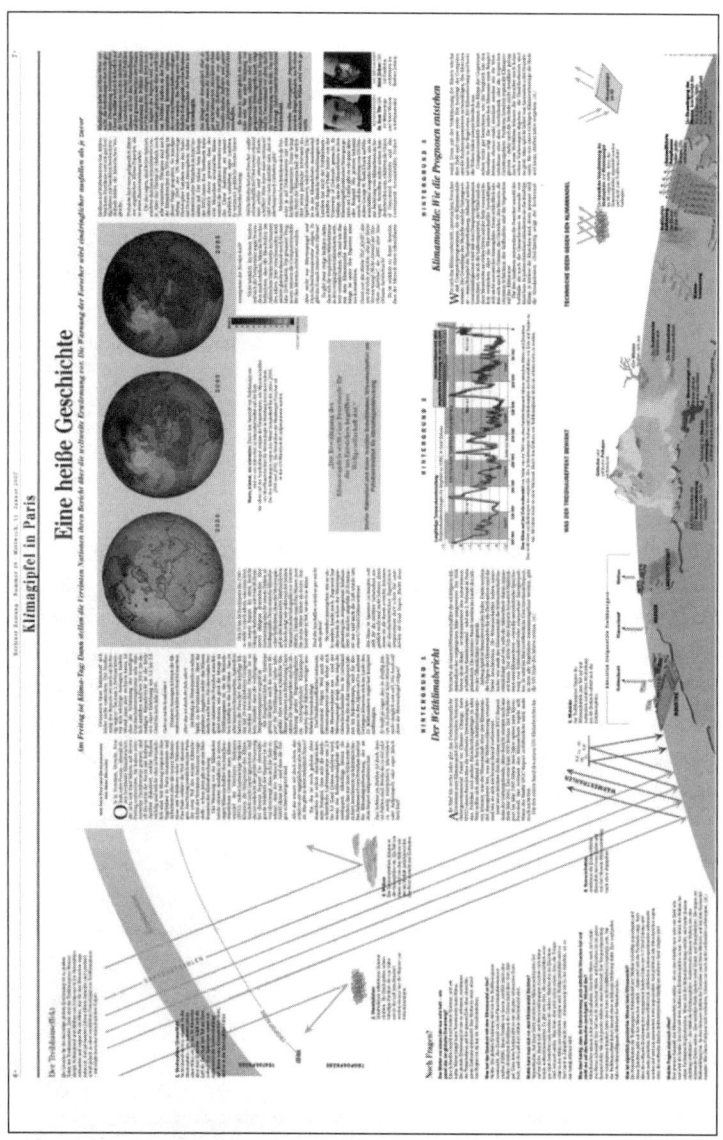

Gestaltungselemente

Germans ♥ *Gorbachev*

Auch so kann man (abgesehen vom Sprachwitz) eine Überschrift gestalten, wie es eine US-amerikanische Zeitung im Juni
1989 anläßlich des Gorbatschow-Besuchs in der Bundesrepublik tat. Gewiß, eine Möglichkeit; doch sicher die Ausnahme
auch dortzulande. Schauen wir uns kurz an, was sich für eine
etwas zurückhaltendere Manier an Gestaltungselementen anbietet.

Typografisches

Linien gibt es, als klassischen Bestandteil in der Ausrüstung
einer Setzerei, schon recht lange, ja wohl so lange wie den
Buchdruck. Ihnen kommt neben einer schmückenden Funktion
durchaus ein ordnender Charakter zu, auf den, zumal bei einem
etwas aus den Fugen geratenen Layout, noch stets zurückgegriffen wird. Durch die neuen Satz- und Drucktechniken haben
sich Zahl und Anordnungsmöglichkeiten der Linien inzwischen
natürlich wesentlich erweitert.

Linien

12-Punkt-Linie (Balken) mit negativem Schriftzug

Ihr Schriftbild, Linienbild genannt, mißt sich an seiner Stärke als fein, stumpffein, halbfett, dreiviertelfett und fett. Daneben treten sie punktiert und als Doppellinien in Kombinationen wie doppelfein oder fettfein auf. Sonderformen sind z.B. die *Azuree*- und die *Englische Linie* (letztere schwillt zur Mitte hin an und kann dort verschiedenartig verziert sein). Fette Linien gibt es in 2-p-Sprüngen bis 48 Punkt bzw. 18 mm Stärke.

Zierate oder typografischer Schmuck: Der Schmuck kann als Einzelstück, zur Leiste gereiht *(Reihenornament* oder *Zierleiste),* als Rahmen oder als Fläche verwendet werden. Wichtig ist, darauf zu achten, dass die benützte Schrift vom gleichen Stil ist oder zumindest im Duktus harmoniert.

Typosignale, das sind Quadrate, Dreiecke, Kreise, die konturiert oder vollflächig auftreten, bieten sich ebenfalls zur Gestaltung oder Auflockerung an. Sie werden auch als *Elementare Flächen* oder *Hamburger Bausteine* oder im DTP-Zeitalter als *Dingbats* bezeichnet. Manche rechnen auch die Pfeile und »Zeigefinger« zu dieser Gruppe.

Vignetten (französisch für »Rebranken«) sind abstrakte oder bildhafte Zierstücke. Eigentlich eher ein Buchschmuck, etwa als Abschluß an Kapitelenden, finden sie auch in Zeitschriften und auf speziellen Zeitungsseiten Verwendung. Von den Zieraten unterscheiden sie sich dadurch, dass sie meist wesentlich größer sind sowie als Einzelstück auftreten.

Initialen erleben eine Art Wiedergeburt als Beginn eines Textes, Textabschnittes oder Absatzes. Es sind dies im Regelfalle Versalien aus einem größeren Schriftgrad der Grundschrift, seltener aus einer anderen – passenden! – Schrift. Manchmal jedoch trifft man auch wieder auf *Zier-Versalien,* wie sie schon die frühneuzeitlichen Buchschreiber ausmalten und die bis in die 20er Jahre unseres Jahrhunderts vor allem im Buchdruck immer wieder schöpferische Höhepunkte kannten.

Vignette, Typosignale, Zier-Versalie und Reihenornament

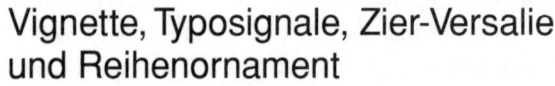

Vignette

»Pfeil« und »Zeigefinger«
(Typosignale)

Zier-Versalie

Reihenornament

Firmen- und Markenzeichen gehören zwar grundsätzlich nicht in den redaktionellen Gestaltungsbereich, sollen aber der Vollständigkeit halber hier kurz erwähnt werden. Und auch, weil manche Redaktion sie doch als Signet, z.B. den Titelzug des Blattes oder dessen Kurzform, in manchen Fällen einsetzen.

Die Signets bilden drei Gruppen: markant gestaltete Buchstaben (*Buchstabensignets,* z.B. »Coca Cola«); Buchstaben, die bildhaft verformt wurden und dabei die Dienstleistung oder den Charakter der Firma oder Organisation andeuten *(Bildsignets* wie etwa das »GdED« der Eisenbahnergewerkschaft); abstrakte Zeichen *(Sinnsignets),* weder Bild noch Schrift, die, wie etwa das »Wollsiegel«-Zeichen, Assoziationen hervorrufen (sollen).

Zitate, oder neudeutsch »quotes«, sind eine Möglichkeit zur Verstärkung von Zwischenzeilen in längeren Texten. Das besondere Gestaltungselement ist hierbei die Verwendung von im Schriftgrad überdimensionierten Anführungszeichen.

Zitate, auch quotes genannt, sind geeignete Gestaltungselemente etwa als Zwischentitel bei umfangreicheren Beiträgen.

Kästen sind naturgemäß eng mit den Linien verwandt. Schließlich werden sie durch Linien gebildet. Allerdings sollten sich die verwendeten Linien auf die Gruppe der feineren reduzieren und nicht etwa Reihenornamente (vgl. Seite 152) sein. In einen Kasten werden üblicherweise Beiträge gestellt, die damit besonders hervorgehoben werden sollen. Oder der Kasten kann eine weniger prominente Platzierung aufwiegen. Mit Kästen lässt sich schließlich eine Seite optisch ausgleichen.

Bei Kästen wird von Anfängern immer wieder der Fehler gemacht, die reduzierte Spaltenbreite für den Text zu übersehen: Denn die (senkrechten) Kastenlinien laufen nicht in der Mitte des Zwischenschlags (zwischen zwei Spalten), sondern im Satzspiegel der *Kolumne,* also auf Spaltenbreite. Bei einem mehr als dreispaltigen Kasten können die mittleren Kolumnen wieder auf normaler Spaltenbreite laufen; doch aus ästhetischen Gründen wählen die meisten Publikationen eine reduzierte Breite für alle Spalten innerhalb eines *Kastens.*

Auch Fotos können (nach meiner Meinung: sollten) in einen Kasten (als Rahmen) mit einer *Haarlinie* ohne Abstand gestellt werden. Das bedingt saubere Arbeit, um *Blitzer* zu vermeiden (unerwünschte »weiße Schatten«, hier zwischen der Fotokante und dem Kastenrahmen). Ansichtssache ist es dann, ob der Bildtext im Kasten steht oder außerhalb.

Einen Kastenrahmen in einer *Zweit- oder Schmuckfarbe* zu halten, sei dem schlechten Geschmack des Verantwortlichen überlassen, ebenso die Wahl einer Linienstärke von mehr als 2 Punkt (Todesanzeigen ausgenommen).

Gelegentlich werden Kästen mit einem *Schatten* (Vollton oder dichter Raster) versehen, der an zwei Seiten sichtbar ist und somit einen räumlichen Effekt erzielt (vgl. Darstellung unten). Auch damit sollte zurückhaltend gearbeitet werden, da ein solcher Kasten erheblichen Signalwert hat.

Raster sind ein weiteres beliebtes Gestaltungselement, das meist in Verbindung mit Kästen Verwendung findet. Mit ihnen

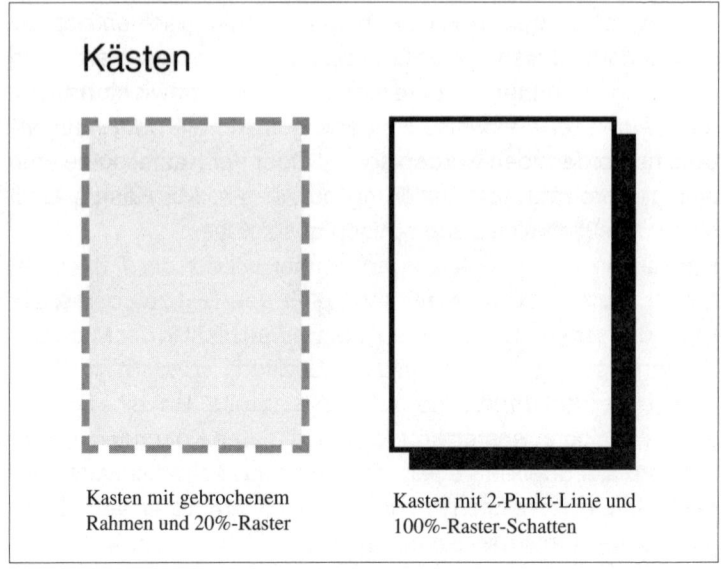

Kästen

Kasten mit gebrochenem
Rahmen und 20%-Raster

Kasten mit 2-Punkt-Linie und
100%-Raster-Schatten

Raster

Negativschrift auf 50%-Raster

AUS ALLER WELT

Schrift in 40%-Raster (z.B. für Seitenkopf)

werden Texte unterlegt (manchmal gar ganze Seiten), um die Partie zu betonen. Daneben können z.b. figürliche Rasterflächen als gesondertes typografisches Element zur Gestaltung des Layouts herangezogen werden.

Bei der Wahl des Rasters zur Textunterlegung sind Schriftgrad und -schnitt sowie die Papierqualität zu beachten, damit der Text noch lesbar bleibt. So eignen sich Textpassagen weniger für eine Unterlegung als etwa Seitenköpfe oder *Kolumnentitel*. In der Mehrzahl der Fälle dürfte sich ein Raster von mehr als 20 Prozent verbieten (der zudem bei der Seitengewichtung, also dem optischen Gesamteindruck, zu schwer wirkt). Die Verwendung eines farbigen Rasters kann ihren Reiz haben, sollte aber, wenn sie überhaupt in Frage kommt, äußerst sorgfältig und zurückhaltend erwogen werden.

Farbe

Die zugespitzt formulierte Fragestellung lautet hier: »Die Zeitung in Farbe oder Farbe in der Zeitung?« Bei der Mehrheit der Farbe verwendenden Blätter ist augenscheinlich die erste Position vertreten. Die Entscheidung für den Farbdruck hat in so gut wie allen Fällen einen ökonomischen Hintergrund: zum einen den Bedürfnissen der Werbekunden entgegen zu kommen, zum anderen den Einzelverkauf anzuheben und die Marktposition zu stärken.

Aus einer amerikanischen Untersuchung am Poynter Institute in Florida 1990 ging hervor, dass vor allem Blätter mit einer ungünstigen Marktstellung zum Mehrfarbdruck übergingen. Doch war dies keine Garantie für eine Positionsverbesserung; denn über das stark gefühlsmäßige Element Farbe urteilten die Leser emotional. Der Übergang zur Farbigkeit konnte für bestimmte Lesergruppen bedeuten, dass sie sich geprellt fühlten. Sie fürchteten, dass ihre bis dato seriöse Zeitung zum Sensationsblatt wurde. Hinzu trat, dass nicht wenige Abonnenten eine spürbare Preissteigerung erwarteten. In beiden Fällen musste mit einer Bezugskündigung gerechnet werden.

In der Mitte der 90er Jahre hingegen ist ein Wandel eingetreten, denn es gibt seither kaum noch eine Tageszeitung – zumindest in den Industriestaaten –, die »farbabstinent« ist. Kostenreduktionen, Herstellungstechniken und Rezeptionsgewohnheiten haben auch seriöse und traditionelle Blätter zur Verwendung von Farben veranlasst: bei Illustrationen und Fotos ebenso wie bei Linien und Rastern.

Noch mehr Farbe? Es mag zunächst richtig sein, dass Farbe den Einzelverkauf stimuliert, weil eine farbige Zeitung eher auffällt. Doch was, wenn alle Konkurrenten farbig daherkommen? »Die Lebendigkeit von Farbe«, warnte der niederländische Experte F. W. van Raaij, »kommt vor allem bei Kontrasten zum Ausdruck. Doch geht sie zum Teil verloren, wenn bei allen kommunikativen Äußerungen Farbe benutzt wird.« Und wer kennt sie nicht, die Blätter, in denen sich nach einem »facelifting« drei oder gar mehr Farbfotos pro Seite gegenseitig erschlagen.

Hinzu kommt, dass die angesprochene Untersuchung in den USA folgendes ergab: Es spielte eine untergeordnete Rolle, ob ein Foto auf einer Titelseite farbig oder schwarz-weiß war. Denn

49 Prozent aller Leser begannen in dem Test ihre Lektüre über Farbfotos, 45 Prozent über ein Schwarz-weiß-Motiv. Auf den Nachrichtenseiten wurden entsprechende 91 bzw. 87 Prozent ermittelt. Einer der Initiatoren der Studie kommentierte dazu: »Wenn ich Chefredakteur wäre und zwischen einem Schwarzweiß-Foto und einem Farbfoto zu wählen hätte, würde ich einfach das bessere Foto wählen, gleich, ob es nun farbig oder schwarz-weiß ist.«

Eine gute Nachricht für die Werbungtreibenden und eine Beruhigung für die Zeitungsgestalter, die Farbe verwenden, als weiteres Ergebnis der erwähnten Studie: Entgegen ursprünglichen Befürchtungen paralysieren sich farbig gestaltete redaktionelle Teile und Farbanzeigen auf derselben Seite nicht. Vielmehr stieg die Leserrate hier um 35 Prozent, während Seiten, auf denen nur die Werbung farbig war, einen vergleichbar hohen Anteil verloren. Und wie wir bereits ahnten, wirkt sich Farbdruck günstig auf die Beachtung von Anzeigen aus. Auch konnten sich die Leser weitaus besser an Produktnamen oder Werbende erinnern.

Analphabetismus durch zu viel Farbe? »Das Auftreten der Farbe paßt völlig zu einer Epoche, in der die Äußerlichkeit ständig mehr Terrain gewinnt«, stellte das holländische Verbandsorgan de journalist noch Anfang der 90er Jahre fest. Und der gewiss nicht konservative Publizist Henk Hofland beklagte an derselben Stelle, dass Farbe in der Zeitung die Nicht-Information fördere:

»Es ist, als ob der Postbote bessere Briefe brächte, wenn er sich die Lippen schminkt. Oder, wie die Franzosen sagen: Wenn der Teufel sich pudert, wird er bleicher. Eine Zeitung ist an erster Stelle zum Lesen da, und dadurch sind die Zeitung und das Buch die letzten Bollwerke der Aufklärung. Denn nur durch das Lesen gelangt der Mensch zur Feinheit der Nachricht. Durch die Betrachtung von Bildern kann man das Lesen unterstützen (wie es wohl auch umgekehrt der Fall ist), aber es läßt sich nicht ersetzen. Schauen ist einfacher als lesen und daher verleiten-der. Ein Übermaß an Fotos in der Zeitung kann im Ansatz den Verkauf fördern, aber durch solch ein Blatt wird man auf Dauer schlechter informiert… Farbe in der Zeitung fördert den Analphabetismus.« Dem Kollegen Hofland ist zumindest dann Recht zu geben, wenn sich die Zeitungsmacher und »newspaper designers« mehr auf die Form als auf den Inhalt (von Bild und Text) konzentrieren.

Und inwischen sind ja selbst solche »prestige papers« wie die New York Times (über die Anfang 2006 Gerüchte laut wurden, dass das Blatt nur noch on-line erscheinen werde) in Farbe.

Farben auf der Zeitungsseite – und ich sehe das noch immer ziemlich puristisch, wenn auch wohl auf verlorenem Posten – sollten, von Anzeigen abgesehen (die stehen ohnehin außerhalb der redaktionellen Verantwortung), auf Fotos und vergleichbare Illustrationen beschränkt bleiben. Mit einer Ausnahme, deren Ablehnung bilderstürmerisch wäre: der Zweit- oder Schmuckfarbe. Sie kann ordnende oder auflockernde Funktion haben. Doch auch hier muss Zurückhaltung walten, und weniger ist mehr. Wenn die Ausnahme zur Regel wird, geht ihr Charakter verloren. Untersuchungen bei Blättern, die mit der Zweitfarbe klotzen statt kleckern, haben ergeben, dass die Leser abstumpfen und keine Betonungen mehr zu er-kennen vermögen.

Wenn für eine Unterstreichung Farbe verwendet wird (allein die Unterstreichung ist unter Typografen strittig), muss diese stärker sein als eine schwarze, da sie schwächer wirkt. Mit zwei, drei – bevorzugt rot – unterstrichenen Überschriften oder ein, zwei farbig unterlegten Kästen ist das Pulver für eine wirkliche Hervorhebung verschossen. Als objektives Ergebnis bleibt danach eine indifferent aufgemachte Seite. Sie konkurriert dann höchstens noch mit einer Vierfarbanzeige der Bekleidungsindustrie – vergeblich, denn diese wird von Werbeprofis gestaltet. Kronzeuge Edmund Arnold: »Wenn eine Seite nicht in Schwarz-Weiß gut ist, dann ist sie es auch in Farbe nicht.«

Die Seite

Bei der Zeitung ist grundsätzlich die einzelne Seite als zu gestaltende Einheit zu sehen. Nur in Sonderfällen, wie etwa in Wochenendbeilagen oder bei großen Dokumentationen, wird eine Doppelseite als Ensemble gelayoutet. Beim einem Buch hingegen sind die gegenüberliegenden Seiten immer aufeinander abgestimmt (ohnehin gilt hier die Seitengestaltung für die gesamte Publikation). Ebenso ist es bei Zeitschriften, bei denen daneben die einheitliche Gestaltung einer Strecke (mehrseitiger Beitrag oder Beitragsgruppe) gilt.

Der Zeitungsleser betrachtet aufgrund der Formatgröße selten eine Doppelseite zugleich, zudem gestalten bei der Zeitung unterschiedliche Ressorts die Abfolge der Seiten. Selbst ein sogenanntes *Buch* (auch *Bündel, Lage* oder *Produkt* genannt) wird selten von einem Ressort gefüllt. Man versteht darunter eines der herstellungsbedingten meist vier- bis sechzehnseitigen Teile, in die ein Zeitungsexemplar gegliedert ist.

Der Kopf

Zu unterscheiden ist zwischen dem nur auf der ersten Seite erscheinenden Zeitungskopf und dem auf jeder Seite obenan stehenden Seitenkopf.

Der Seitenkopf wird auch *Kolumnenzeile* genannt. Er befindet sich über einer Linie, die sich über die gesamte Breite des Satzspiegels erstreckt. Darin aufgenommen ist üblicherweise der *Kolumnentitel* (auch als *Kustode* bezeichnet), identisch mit dem Ressort wie Politik oder Sport usw., oder eine Angabe des Seiteninhalts wie z.B. Motorblatt oder Aus aller Welt (aber bitte nicht Aktuelles, denn das erwartet der Leser ja auf allen Seiten der Tageszeitung!). Weiter finden sich dort meist der Name des Blattes, die Seitenzahl *(Pagina)* und das Tagesdatum, häufig auch die laufende Nummer des Exemplares und evtl. ein Hinweis zur Ausgabe (Stadt, Landkreis). Der Seitenkopf gehört zur Gruppe der *lebenden Kolumnen(titel)*. Das Gegenstück ist die *tote Kolumne:* Sie steht außerhalb des Satzspiegels und ist in der Regel auf die bloße Seitenzahl begrenzt, wie bei der Mehrzahl der Bücher. Viele Zeitschriften (die oft keinen Seitenkopf bzw. keine *Kopfleiste* haben) ergänzen die Seitenzahl durch den Namen des Organs oder ein Signet und stellen dies an den Fuß der Seite.

Unterhalb des Seitenkopfes befindet sich der »Rest«, den ich in Ermangelung eines mir bekannten Fachausdruckes »Seitenkörper« nennen will. In ihm sind sämtliche textlichen, illustrativen und werblichen Elemente aufgenommen, deren Gliederung und Präsentation überwiegend in Spalten angeordnet ist. Ihre Breite – und damit Zahl – ergibt sich, unter Berücksichtigung typografischer Regeln wie etwa der Arnoldschen Formel (vgl. den Abschnitt »Das Wort und die Zeile«), aus dem Zeitungsformat und dem Schriftgrad der Grundschrift. Zwischen den Spalten befinden sich die nichtbedruckten oder mit Spaltenlinien versehenen Zwischenschläge.

Satzspiegel nennt man den gesamten bedruckten Raum zwischen der Oberkante des Seitenkopfes und dem Ende der Unterlängen der letzten Zeilen in den Spalten (manchmal ist hier auch eine abschließende Linie zu finden) einerseits *(Satzhöhe)* sowie dem linken Rand der linken Spalte und dem rechten Rand der rechten Spalte andererseits *(Satzbreite)*.

Stege heißen die nichtbedruckten Streifen zwischen den Grenzen des Satzspiegels und den Papierkanten: oben der *Kopf-,* unten der *Fuß-,* außen der *Außen-* und innen der *Bundsteg.* Anders als bei Büchern und manchen Zeitschriften hat das Größenverhältnis zwischen Satzspiegel und Papierformat bei den Zeitungen keine wesentliche typografische und gar keine ästhetische Funktion.

Zeitungskopf

DER TAGES SPIEGEL

UNABHÄNGIGE BERLINER MORGENZEITUNG

Nr. 13 342 / 45. JAHRGANG BERLIN, DIENSTAG, 15. AUGUST 1989 80 Pf / Ausw. 1,20 DM / A 6822 A

Im Zeitungskopf der ersten Seite dominiert der *Titelzug,* der Name des Blattes. Auf seine Größe, Schriftart und Platzierung wird besonderes Augenmerk gelegt, da er sozusagen die Visitenkarte darstellt. Der Titelzug ist häufig durch zusätzliche (Unter-)Zeilen ergänzt, die das Verbreitungsgebiet benennen (Zeitung für den Kreis XY), die publizistische Grundhaltung angeben (unabhängige, überparteiliche Morgenzeitung) oder die Titelzüge übernommener Blätter bzw. der historischen Vorgänger wiedergeben. Auch kann hier ein Motto wie das rerum cognoscere causas – den Dingen auf den Grund gehen – des Berliner Tagesspiegels, ein Wappen wie das bremische (!) der Hamburger Zeit oder ein Symbol/Signet wie der Stern des sterns angetroffen werden.

Weitere Elemente im Zeitungskopf können sein ein *technisches Impressum* (Verlags- und Druckort, Telefon- und Bankverbindungen), Anschriften der Geschäftsstellen u.ä.; schlimmstenfalls auch Werbung.

Den Abschluß des Kopfes bildet bei den meisten Zeitungen eine Leiste mit verschiedenen Angaben wie Erscheinungsdatum, laufende Nummer, Hinweise zur Ausgabe (Stadt-, Bezirks, Regional-, Deutschland-, Spätausgabe, meist durch Buchstabenschlüssel oder Sterne gekennzeichnet; die Ausgaben können noch in jeweils aktualisierte Lieferungen unterteilt sein), der Einzelverkaufspreis (in Euro und ggf. verschiedenen ausländischen Währungen), manchmal eine Herausgeberzeile sowie, wenn der

Abonnementsbezug über die Post möglich ist, das *Postver-triebskennzeichen.* Der erste Buchstabe bezeichnet das für den Erscheinungsort zuständige Postzeitungsamt, die vier Ziffern sind die Objektnummer, der hintere Buchstabe nennt den Erscheinungsrhythmus: A = dreimal wöchentlich bis täglich, B = zweimal wöchentlich, C = wöchentlich, D = vierzehntäglich (und bitte nicht -tägig !), E = monatlich, F = zweimonatlich, G = dreimonatlich. Viele dieser Angaben werden allerdings zusehends in einem Strichcode an anderer Stelle des Blattes untergebracht.

Der Umbruchraster

Neben dem Satzspiegel, der eine gewisse Einheitlichkeit in Seitenaufbau und -präsentation schafft, ist der Umbruchraster (häufig auch *Gestaltungsraster* genannt) zur (An-)Ordnung der vielfältigen Text- und Bildelemente, Anzeigen, Tabellen usw. unumgänglich. Allerdings ist dieser Raster zunächst eher ein Arbeits- und Planungsmittel des Typografen – und dies vor allem bei Büchern und Zeitschriften – als des Redakteurs. Doch beim Layouten begegnet er dem Umbruchraster wieder.

Wenn Dreierlei für die Gestaltung geklärt ist, nämlich die Grundschrift, die Spaltenbreite und die Spaltenhöhe (d.h. die Satzhöhe abzüglich des Seitenkopfes), lässt sich nun der Seitenkörper in kleinste Parzellen, die Rasterfelder des Umbruchras-ters, aufteilen. Ausgangspunkt sind die in der Grundschrift ab-gesetzten Zeilen (vgl. Darstellung Seite 163). Eine ungerade Zahl von ihnen ergibt die Höhe und – wo die Felder quadratisch sind – auch die Breite eines Rasterfeldes.

In der Vertikalen (Spaltenhöhe) gemessen wird von der Mitte der gegebenen Zeilenabstände. Sind es bei Büchern bereits Rasterfeldhöhen von drei Zeilen, wählt man bei Zeitschriften fünf oder sieben, bei Zeitungen sieben, neun oder auch einmal

Felder des Umbruchrasters

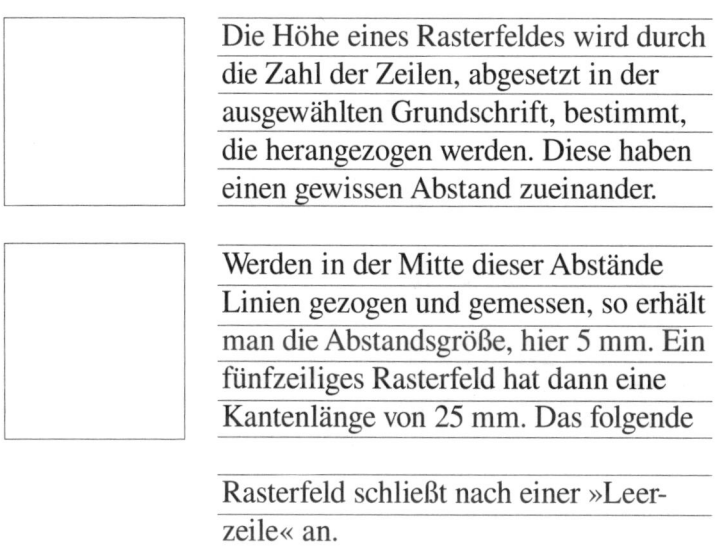

Die Höhe eines Rasterfeldes wird durch die Zahl der Zeilen, abgesetzt in der ausgewählten Grundschrift, bestimmt, die herangezogen werden. Diese haben einen gewissen Abstand zueinander.

Werden in der Mitte dieser Abstände Linien gezogen und gemessen, so erhält man die Abstandsgröße, hier 5 mm. Ein fünfzeiliges Rasterfeld hat dann eine Kantenlänge von 25 mm. Das folgende

Rasterfeld schließt nach einer »Leer-zeile« an.

zehn Zeilen, denn hier ist das Format größer und die Arbeit »gröber«.

Das zweite Rasterfeld in der Vertikalen schließt nicht direkt, sondern nach einer »Leerzeile« an, bei einer neunzeiligen Rasterfeldhöhe also nicht mit der zehnten, sondern der elften Zeile. Und so geht es weiter, bis die Spaltenhöhe gefüllt ist (die natürlich aus kompletten Rastern bestehen muß).

In der Horizontalen, also hinsichtlich der Spaltenbreite, gilt dasselbe Prinzip: Zwischen den nebeneinanderstehenden Rasterfeldern befindet sich der Raum eines Spaltenabstandes, der zugleich den *Zwischenschlag* darstellt; oder besser: kann. Bei einem neunzeiligen, quadratischen Rasterfeld auf Grundlage einer Acht-Punkt-Schrift beträgt die Kantenlänge nur 9 x plusminus 3,1 mm gleich rund 6 Cicero (die Maße an dieser Stelle sind nur gerundete Werte zur Verdeutlichung). Und das ist für

Umbruchraster für eine Zeitung

RASTERFELD

Jeweils zwei Rasterfelder nebeneinander bilden zusammen die Spaltenbreite. Der Zwischenschlag ist mit einer dunklen Linie gekennzeichnet. Die hellere Linie zwischen zwei Rasterfeldern stellt die Spaltenmitte dar. Zwei nebeneinander oder vier im Block liegende Rasterfelder können ein Modul sein.

die durchschnittliche Zeitungsspalte bei weitem zu wenig. Daher werden für eine Spalte zwei Rasterfelder nebst dem Abstandsraum genommen: das ergibt eine Breite von 58,8 mm oder 13 Cicero – ein in der Tagespresse verbreitetes Maß. Andererseits ermöglicht dieser Raster sofort die Ermittlung eines anderthalbspaltig durchgesetzten Vorspannes oder die Platzierung eines halbspaltigen Porträtfotos.

Der einheitliche Eindruck einer Publikation bleibt mit Hilfe eines solchen Umbruchrasters erhalten, selbst wenn einzelne Seiten hinsichtlich Spaltenzahl, Spaltenbreite oder Satzbild innerhalb des Satzspiegels variieren sollten. Der Raster trägt somit nicht unwesentlich zum Wiedererkennungswert für den Leser bei.

Zeichnungselemente oder freigestellte Partien von Fotos, die die Begrenzungen der Rasterfelder geringfügig überschreiten, fallen optisch nicht ins Gewicht. Demgegenüber müssen Darstellungen mit geraden Umrissen (Kästen, Fotos u.ä.) sich dem Raster anpassen. Das wird jedoch bei Tageszeitungen nicht oder nicht immer durchgängig berücksichtigt. Hinzu kommt, dass bei ihnen – bedingt durch unterschiedlichem Satz (Durchschuß) – häufig die Zeilen der nebeneinander stehenden Spalten nicht *Register* halten, also die Schriftlinien der Grundschriftzeilen nicht exakt auf gleicher Höhe stehen. Der Umbruch am Bildschirm und die elektronischen unsichtbaren Raster leisten hier allerdings Hilfestellung.

Auf dem Seitenspiegel/Layoutbogen kann, muss aber nicht unbedingt der Umbruchraster aufgenommen sein. Dies ist vor allem dann nicht vonnöten, wenn die Redaktion auf ihrem Bogen die Seite(n) lediglich »aufreißt« oder die vorgesehenen Beiträge einspiegelt, also die Gestaltung nur grundsätzlich und ohne letzte Feinheiten festlegt, während die Feinarbeit von Spezialisten (Layoutern usw.) ausgeführt wird: auf ihren Layoutbögen sowie der Montage auf dem Bildschirm beim Ganzseitenumbruch.

Ein vereinfachter Raster wird häufig bei der Konzeption von Tageszeitungen verwendet. Dabei sind die Rasterfelder reduziert auf Quadrate der Spaltenbreite oder spaltenbreite Rechtecke mit einer Feldhöhe zwischen sieben und elf Zeilen. Diese werden *Module* genannt und führen zu einem modularen Umbruch. Durch Gruppierung der Module ergibt sich ein horizontal, vertikal oder symmetrisch orientierter (Block-)Umbruch.

Für diesen und die folgenden Abschnitte:
Dorn, Raymond: How to Design and Improve Magazine Layouts, Chicago 1986[2]
Evans, Harold: Editing and Design, Book 5: Newspaper Design, London 1976[2],
    repr. 1982
Günder, Gabriele: Desktop De?!gn, Kiel 1988
Hurlburt, Allen: Layout: the design of the printed page, London 1979
ders.: The grid, London 1979
Pawletko, Petra: Layouten, München 1992
White, Jan V.: Designing for magazines, New York/London 1976
Willberg, Hans Peter / Forssman, Friedrich: Lesetypo, Mainz 2005[2]

Der Blockumbruch

Der Fotosatz, dies wurde an anderer Stelle bereits erwähnt (vgl. die Einführung im Kapitel »Layout und Umbruch«), führte anfangs bei fast allen Zeitungen, die zu ihm übergingen, zum Blockumbruch. Und dies zunächst in einer auffallend starren, ja mechanischen Form, weil z.T. die technischen Systeme, z.T. die Redakteure und Typografen in ihren Möglichkeiten begrenzt waren. Mittlerweile ist die Technik ausgereift und das Personal erfahren genug, vom »Kästchenschieben« abzukommen und die Seiten variabel und anspruchsvoll zu gestalten.
Vereinzelt ist wieder eine Rückkehr zu Elementen des traditionellen Treppenumbruchs oder zu einem Mischumbruch von Treppe und Block zu registrieren.

In drei Grundvarianten tritt der Blockumbruch auf: vertikal, horizontal oder symmetrisch orientiert (wobei natürlich auch die vertikale und die horizontale Variante einer gewissen Symmetrie folgen, meist entlang der jeweiligen Achse). Die Wahl der Orien-

Blockumbruch vertikal orientiert

SEITE 6 / Nr. 11985   DER TAGESSPIEGEL   SONNABEND, 23. FEBRUAR 19

Prozeß um Aquino-Mord begann

Angeklagte bezeichnen sich als unschuldig

Manila (AP/AFP). Vor einem Gericht in Manila hat gestern der Prozeß um die Ermordung des philippinischen Oppositionsführers Aquino und die Erschießung seines angeblichen Mörders Galman begonnen. Aquino war am 21. August 1983 bei seiner Rückkehr aus dem jahrelangen amerikanischen Exil auf dem Flughafen von Manila von seinem eigenen Sicherheitsdienst erschossen worden.

Der Schlächter Dresden: Winterschlacht. Als fünf Zehn hat sich vor einem Gericht in Boston schuldig bekannt, in dort Fällen geheime amerikanische Dokumente an DDR-Agenten geliefert zu haben. Diese Fachbild

Kim Dae Jung sieht Bundesrepublik als demokratisches Vorbild

Oppositionspolitiker zur Frage der Wiedervereinigung seines Landes

Peres bekräftigt Ablehnung einer internationalen Nahost-Konferenz

Gespräche in Rom und Bukarest nützlich und konstruktiv bezeichnet

Internierte bekämpfen sich gegenseitig

UNO-Bericht über die Lage der Kriegsgefangenen in Iran und Irak

Landkreise beklagen Einnahmeverluste durch steigende Sozialausgaben

"Arbeitsmarkt nur durch private Investitionen zu realisieren"

DDR-Bürger in den USA wegen Spionage vor Gericht

Weiterer südafrikanischer Bürgerrechtler verhaftet

Generalstreik in Westbeirut

Libanon protestiert gegen "israelische Gewalttat"

Sowjetunion wollte nicht über Afghanistan verhandeln

Gromyko distanziert sich von Unterstützung der "RAF"

Engelhard will Gen-Forschung notfalls durch Gesetze Grenzen setzen

Ministerium läßt auch rechtliche Fragen einer "Elitenwirtschaft" prüfen

EG-Kommission fordert mehr Rechte für Ausländer in der Gemeinschaft

Anwachsen der Fremdenfeindlichkeit registriert

Ankara: Blutige Unterdrückung der türkischen Minderheit in Bulgarien

Sofias Botschafter weist Anschuldigungen zurück

Libyen distanziert sich von Unterstützung der "RAF"

Sprengstoff in Uni-Schließfächern

Statistiker äußern Zweifel am Nutzen der Volkszählung

tierung beruht in erster Linie auf der gewählten Spaltenzahl. Mehr bzw. schmalere Spalten legen eine horizontale Betonung nahe, weniger bzw. breitere Spalten eine vertikale.

Das Beispiel für die vertikale Betonung (Darstellung Seite 167) verdeutlicht dies: Die mittlere der fünf Spalten als *Kamin* streckt die Seite beträchtlich in die Länge (das Foto obenan verstärkt diesen Effekt), die fast quadratischen Textblöcke wirken wie Türme oder die Backen einer Schraubzwinge. Lediglich die Gruppe der kleineren Meldungen unten rechts löst dieses Korsett ein wenig auf. (Dies darf auch sein, da es sich um eine linke Seite handelt, denn wäre es eine rechte, liefe sie nach außen aus.) Die Gestaltung folgt im übrigen dem traditionellen Muster des umgekehrten »S« oder des »?« hinsichtlich des Augenlaufs beim Erfassen der Seite durch den Leser und der Platzierung der wichtigen und weniger wichtigen Beiträge.

Ein Beispiel für die horizontale Betonung zeigt die Nebeneite: Ein durch sechs Spalten relativ hoch wirkendes Zeitungsformat wird durch die vier quergestellten Modulgruppen konterkariert. Trotz der – doch recht zaghaften – Kästen wirkt die Seite aber äußerst statisch, woran die Illustration und die beiden offeneren Meldungsblöcke rechts und links unten nicht viel ändern können. Ein »S«-Verlauf des Blickes ist nicht gegeben, nur die Oben-unten-Platzierung nach Relevanz der Beiträge.

Aus derselben Redaktion stammt das Beispiel der Darstellung Seite 170: Hier ist die horizontale Orientierung nicht so konsequent durchgeführt, da die beiden linken Spalten (es ist im übrigen eine linke Seite) leicht vertikal versetzt sind. Die Seite hat nicht einen so statischen Charakter wie die vorige. Gestalterisch besser ist hier zudem, dass die Überschriften recht frei stehen, die Seite also ziemlich viel »Luft« hat (dies liegt übrigens im Trend der Zeitungsgestaltung). Viel »Luft«ist ein Erfordernis insbesondere auch dann, wenn auf – ausgezeichnete – Vorspänne verzichtet wird. Erstaunlich ist, dass diese Seite viereinhalb Jahre älter ist als die der Darstellung Seite 169.

Blockumbruch horizontal orientiert I

Blockumbruch horizontal orientiert II

WIRTSCHAFT

Konzentration im Handel

Beschäftigte zahlen die Zeche

Konzentration in der Wirtschaft wächst wieder
14 Prozent mehr Fusionen / Einzelhandel verliert Betriebe und Beschäftigte

Laker-Klage

Hürde für Privatisierung

CDU/CSU wünscht weitere Etatsanierung

Pfund-Krise zwingt Thatcher zum Kurswechsel
Konservative britische Regierung bremst Absturz der Währung mit hohem Zinsaufschlag

Fluglinien suchen Vergleich
Laker-Gläubiger wollen außergerichtlich entschädigt werden

FR-Ratgeber: Väterchen Frost

Bei Schnee und Eis lieber einmal zuviel als zuwenig streuen

Nachrichten-Börse

Maschinenbau läuft rund
Branchenverband erwartet kräftiges Wachstum der Produktion

Glasperlenspiele um Nordrhein-Westfalens Wirtschaft
CDU-Oppositionsführer Bernhard Worms will „wirtschaftliche Freizonen" einrichten / Gewerkschaften und Regierung dagegen

Ein in den 80er Jahren vielzitiertes Beispiel für modernes Zeitungslayout war die `Emder Zeitung`. Sie verwendete im gesamten Blatt nur zwei Schriften (die »Times« für den Mengentext und die Dachzeilen, die »Helvetica« für die Überschriften und Bildunterschriften). Der Mengentext lieft in 10p und als Rauhsatz, die Seiten waren vertikal umbrochen, was durch Linien noch unterstützt wurde.

Blockumbruch horizontal orientiert III

Die symmetrische Gestaltung der Seite zeigt die Darstellung hierunter. Sie hat bei diesem Beispiel zwar einen leichten Anflug an eine horizontale Orientierung, doch die beiden Leitern außen verleihen auch der gesamten Seite einen leiterartigen und dadurch vertikal bestimmten Eindruck. Der Charakter ist weniger statisch als vielmehr sachlich. Das Auge des Lesers wird nicht in der »?«-Form geführt, sondern eher zunächst in einem von

oben nach unten verlaufenden Zickzack und dann zu zwei Senkrechten in den äußeren Spalten, die schon durch die geringeren Textmengen der Beiträge deren Zweitrangigkeit

Symmetrisch lustlos I

Symmetrisch lustlos II

signalisieren. Der erforderlichen »Luftigkeit« ist wohl genüge getan, doch erweist sich hier an mehreren Beispielen der negative Effekt von Hurenkindern oder zu wenigen Zeilen am Spaltenanfang, die zu große Löcher reißen. Auch ist der kopflastige Eindruck, den diese Seite erweckt, auf einen Layoutfehler zurückzuführen: Die *optische Mitte* ist zu weit nach unten gerutscht (hier zwischen die Überschriften Terroranschläge geplant? und Wohnungsnot quält Tausende). Diese *optische Mitte* einer Seite liegt einige Zentimeter über der geometrischen Mitte auf der vertikalen Mittelachse. Selbst wenn sie auf das geometrische Zentrum gestellt oder dort betont wird, wirkt sie bereits leicht versenkt, und die Seite verliert ihren Halt.

Die Gefahr der Lust- oder Einfallslosigkeit, die die symmetrische Betonung mit sich bringen kann, zeigen die Darstellungen auf den Seiten 173 und 174. Das Beispiel der Seite 173 krankt an zu wenigen und falsch plazzierten Illustrationen bzw. damit an zu langen Texten.

Die Bunte Welt der Seite 174 leidet darunter, dass dort über einer Aufsetzer-Anzeige nur zwei extrem lange Beiträge stehen. Eine lebendigere Gestaltung wäre allerdings nur mit anderem Material (kürzere Artikel, weitere Illustrationen) möglich gewesen – und in diesem Falle sogar erforderlich, denn es handelt sich um die letzte Seite der Zeitung, die gemeinhin dem Vermischten als Lektüreeinstieg für *Rückwärtsleser* gewidmet ist.

Der Treppenumbruch

Der Treppenumbruch war üblicherweise bei Blättern mit großer Spaltenzahl (6 oder mehr) und alter Satztechnik anzutreffen. Er bezieht seinen Namen daher, dass die Überschriften auf einer derart umbrochenen Seite wie die Stufen einer oder mehrerer Treppen wirken, die diagonal über das Blatt laufen.

Dieses Layout ist, vor allem in seiner reinen Form, bei den Zeitungen derweil so rar geworden, dass historische Beispiele aus dem Ausland gesucht werden mussten.

Auf den ersten Blick ist eingängig, dass hierbei zur Orientierung und Leseführung auf typografische Elemente wie Linien, Balken, Kästen und Spaltenlinien zurückgegriffen werden muß, wenn auch bei der sztandar ludu (siehe Darstellung Seite 176) mehr als übertrieben wird. Diese Notwendigkeit ergibt sich aus den ungleich langen und »hängenden« Schenkeln der mehrspaltigen Beiträge.

Als Vorteile dieses Umbruchprinzips können genannt werden: Keine Überschriften stehen nebeneinander (für den, der darauf Wert legt). Das Auge des Lesers kann präziser an den Überschriften entlang geführt werden. Layoutfehler (namentlich die Textmenge betreffend) lassen sich noch beim technischen Umbruch in der Mettage oder Montage (daher auch die Verbindung

Treppenumbruch I

zum Blei- und frühen Fotosatz) leichter korrigieren. Eine Mischung von erst- und nebenrangigen Beiträgen ist möglich.

Nachteile des Treppenumbruchs bestehen darin, dass sich Beiträge nicht so einfach austauschen lassen, und vor allem darin, dass ein guter Treppenumbruch sehr wohl der präzisen

Treppenumbruch II

layouterischen und Textlängenplanung bedarf, um den Leser elegant und ohne Linien- wie Kastenwirrwarr durch die Seite zu führen.

Nicht eben gelungen sind die Beispiele in den Darstellungen Seite 176 und 177. Bei der `Zycie Warszawy` wandert der Blick vom Titelzug zum Foto rechts oben, sodann entweder zur darunter liegenden Überschrift oder zurück nach links zum Aufmacher. Und dann? Ausgeschlossen ist auch nicht, dass das Auge vom Titelzug direkt zum Porträtfoto im unteren rechten Viertel springt – und dann nicht mehr weiter weiß.

Bei Darstellung Seite 176 ist ebenfalls nicht sicher, was sich der Layouter vorgestellt hat: Vom Aufmacher die Stufen nach rechts unten hinab oder von ihm erst zum Foto oben rechts, dann zur Überschrift `Sukces` (gehört das Foto dazu?) oder zur `Efekty` und dann? Zum `Sukces` ? Zur `Delegacje` ? Oder gleich zum dunklen Rechteck in der Seitenmitte? Die Linien und Balken geben hier keine Hilfe, sie trennen lediglich Beiträge voneinander, die Balken sind gar unnötig.

Beim britischen, noch recht gelungenen Beispiel in Darstellung Seite 178 wird der Leser, zumal, wenn er den Anblick der »Royals« schätzt, in Form einer 3 über das Blatt mit seinen 9 (!) Spalten geführt (dies geht allerdings, da die Wörter im Englischen wesentlich kürzer als die deutschen sind). Es sind hier nach unserem Geschmack gewiß viel zu viele »items« aufgenommen: Zwölf bis maximal fünfzehn solcher typografisch eigenständig wirkenden Seitenelemente gelten bei uns als Orientierungsgröße. Dagegen ist der Gebrauch von Linien fast vorbildlich zurückhaltend.

Der Mischumbruch

Vor einigen Jahren war zu beobachten, dass manche Zeitungen sich wieder vom reinen Blockumbruch lösten und unter Rückgriff auf Elemente des Treppenumbruchs zu einem Mischumbruch übergingen. Dies zeigt die Seite 180. Dort sind Blöcke und Treppen zu erkennen, und zwar typischerweise auf zwei Ebenen: Zum einen wirkt die gesamte Seite als Kombination beider

Prinzipen, zum anderen ist ein Block in sich gestuft (die untere Mitte). Die Lösung ist gewiss noch nicht ideal, was sich auch in der etwas verwirrenden (mal ja, mal nein) Verwendung von Spaltenlinien niederschlägt. Doch zeigt sich der Versuch, das Leserauge zu führen (nach der »?«-Figur), ganz deutlich. Insgesamt wird man erkennen, dass dieses Mischprinzip sich durchaus zur Gestaltung lebhafter Seiten eignet, aber dann doch so gut wie aufgegeben wurde.

Mischumbruch

Für die Gestaltung der Seiten bei Boulevardblättern lässt sich nur eine typische, aber kaum eine prinzipielle Darstellung geben. Zwar haben die einzelnen Vertreter dieser Gattung feste Prinzipien, die ein Wiedererkennen durch die Leserschaft ermöglichen. Aber gemeinsam ist ihnen nur die extensive Verwendung von Farben, Unterstreichungen, Illustrationen und überdimensionierten Schriftgraden. Hinzu tritt der ständige Wechsel von Schriften und Schriftschnitten sowie der Spaltenzahl bzw. -breite. Auch sind sie inhaltlich häufig nicht erkennbar nach Ressorts gegliedert, vom Sport einmal abgesehen.

Neue Formen und Muster des Zeitungsumbruchs brachte der Wechsel zum kompakten Tabloid-Format mit sich. Darauf wird im folgenden Kapitel noch näher einzugehen sein.

Der Zifferblatt-Umbruch

Er gehört zwar eigentlich in den Bereich der Zeitschriften, doch kann er bei Überlegungen zur Präsentation einer Sonder- oder Themenseite durchaus einmal herangezogen und vor allem bei den Tabloids erwogen werden. Der Name stammt daher, und die Darstellung auf Seite 182 macht es deutlich, dass der Umbruchraster der Seite nach Art des Zifferblattes einer Uhr angelegt wird.

Ausgangspunkt ist die optische Mitte, die hier auf der senkrechten Mittelachse zwei Fünftel vom oberen Rand des Satzspiegels festgelegt wird. Von ihr werden in 30-Grad-Abständen Linien zu den imaginären Ziffern gezogen. Durch die anschließend zu ziehenden senk- und waagerechten Geraden entsteht ein Raster mit 24 Rasterfeldern verschiedener Größen.
In der oberen Reihe sind die Felder rechts und links der Mitte gleich, aber differieren in der Breite. In den beiden nächsten Reihen sind sie ebenfalls auf beiden Seiten gleich sowie auch über und unter der optischen Mitte. Die untere Reihe ähnelt der obe-

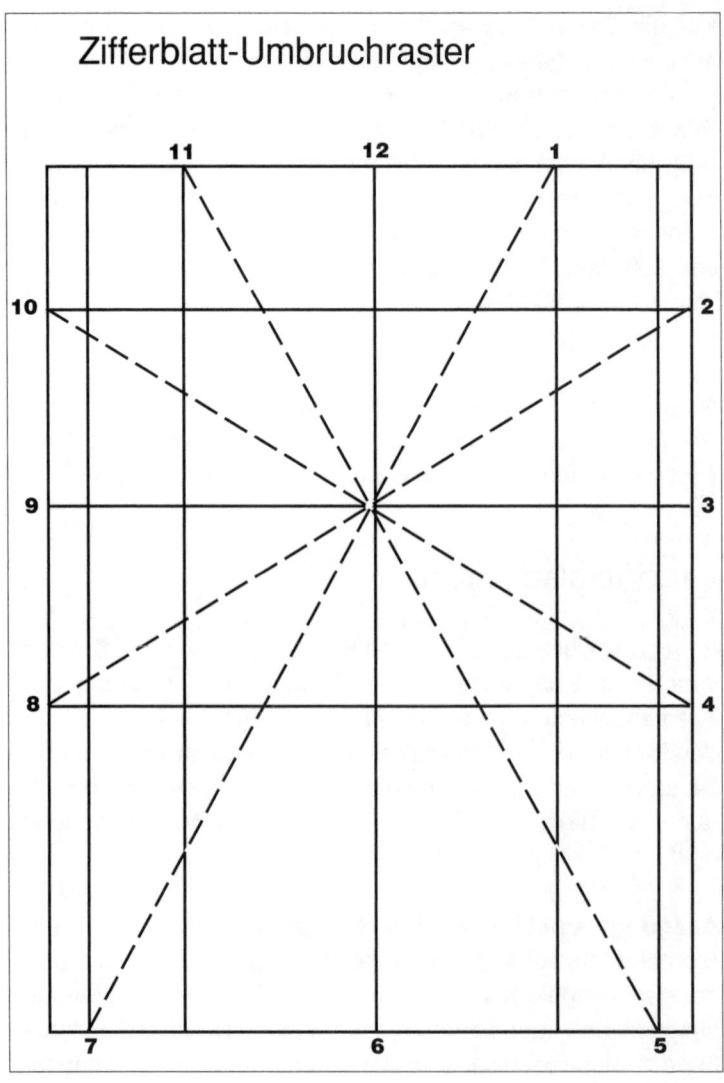

Zifferblatt-Umbruchraster

ren, nur dass hier die Felder nahezu doppelt so hoch sind. Feldgruppen sind dabei derart unterschiedlich, dass kaum eine Balance möglich ist; sie kann nur von der Mitte gehalten werden (Ähnlichkeit zum symmetrischen Blockumbruch). Daher auch

Beispiele für den Zifferblatt-Umbruch...

ergänzen sich gegenüberliegende Seiten, unabhängig von ihrer individuellen Gestaltung.

In jedes Feld oder jede Feldgruppe kann Text gesetzt werden, mit Ausnahme der schmalen äußeren Rasterfelder. Sie dienen vielmehr dazu, Illustrationen oder Überschriften über die Text-

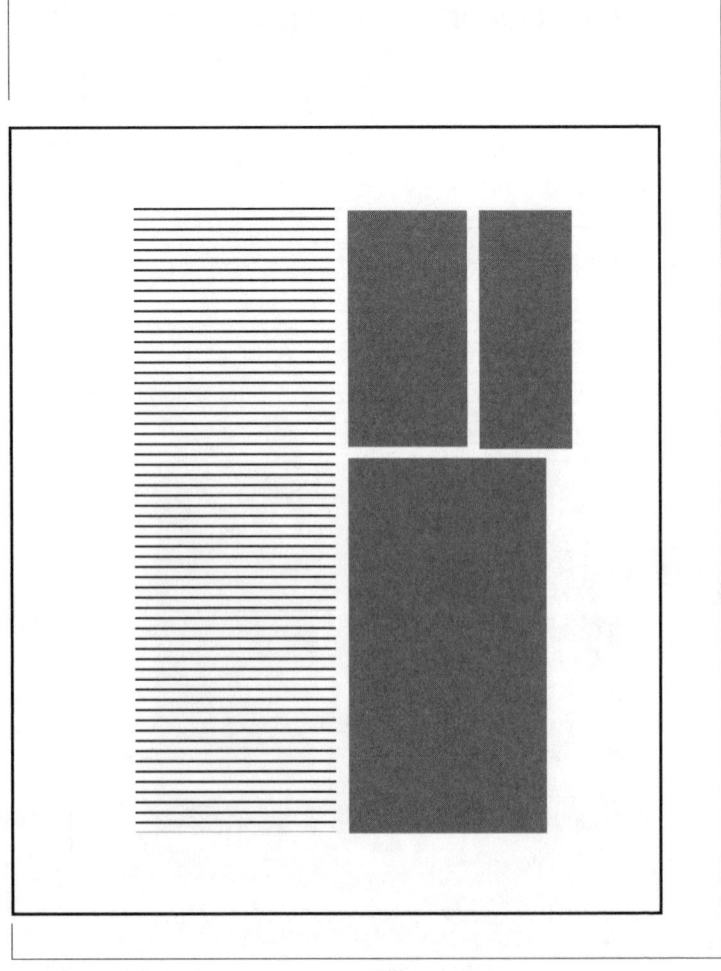

spalten reichen zu lassen (also rechts oder links breiter als diese zu stellen). Wie die Beispiele hier zeigen, eignet sich dieser Umbruch besonders für Beiträge mit mehreren Fotos, die sich wie von selbst zu Gruppen oder Leisten arrangieren. Die innere Dynamik der Fotos kann, muß aber nicht berücksichtigt werden, da hier eine optische Balance gegenwirkt. Überschriften sollten

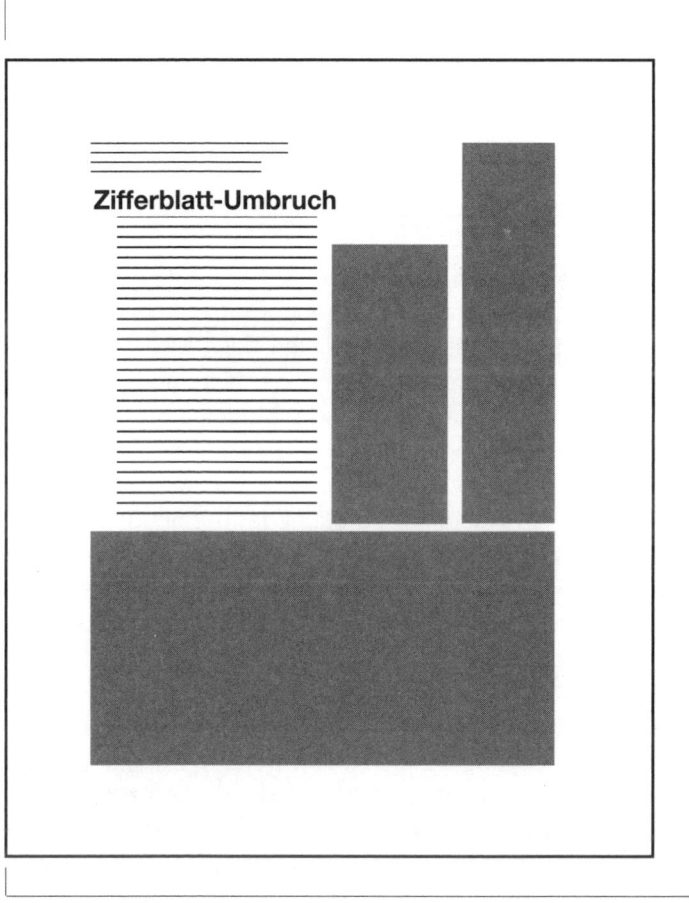

grundsätzlich oben und in der oberen Feldreihe stehen, so dass die weißen Flächen zuzüglich der des Kopfsteges als Element genutzt werden. Hiermit korrespondiert auch die Einrichtung großzügiger Zwischenschläge und erkennbarer Abstände zwischen den Elementen der Seite. Dieser Umbruchraster verliert hingegen stark, wenn eine Seite nur aus Text besteht.

187

Beispiele

Fassen wir zusammen: Wir unterscheiden nach zwei Gestaltungsprinzipien für die Seiten einer Zeitung, dem Treppen- und dem Blockumbruch. Bei den folgenden Darstellungen werden zunächst einige der vorab gezeigten Beispiele ihrer Bild- und Textelemente entkleidet, um anhand der verbleibenden Linien die Grundstruktur zu verdeutlichen. Danach werden auf diesen Seiten zum selben Zweck lediglich die Überschriften belassen.

Im Linien-Skelett der Darstellung auf Seite 187 zeigen die wenigen (Spalten-)Linien unübersehbar die vertikale Orientierung und zugleich, dass Spaltenlinien beim Blockumbruch – zumal in den Blöcken selbst – meist gar nicht nötig sind. Und selbst beim horizontalen Block- oder Modulumbruch der Darstellung Seite 188 könnte auf etliche Linien verzichtet werden (was allerdings hier nicht sichtbar wird, sondern erst bei der Figur Seite 197). Andererseits braucht der Treppenumbruch offenbar Linien zur Strukturierung der Seiten und zur Führung des Leserauges insbesondere entlang der Texte; das zeigt das Skelett auf Seite 189 deutlich. Allerdings ist hier des Guten ein wenig zuviel getan.

Im Überschriften-Skelett derselben Seiten bedarf es zur Identifizierung der Grundprinzipien kaum weiterer Erklärungen. So zeigt die Seite 190 recht deutlich, dass es sich bei dieser Seite um einen vertikalen Blockumbruch handelt. Geringfügig sind auch Elemente oben links und unten rechts zu erkennen, die an den Treppenumbruch erinnern. Doch handelt es sich nicht im engeren Sinne um einen Mischumbruch, da nur zwei Blöcke in sich ein wenig gestuft wurden. Wichtig ist, dass sich das Auge des ungeübten Betrachters nicht von der Anordnung der zweispaltigen Überschriften täuschen läßt, die zunächst einer eher horizontal ausgerichteten Figur ähneln. Hier muss man natürlich Stand und Lauf der unter ihnen stehenden Beiträge mitdenken.

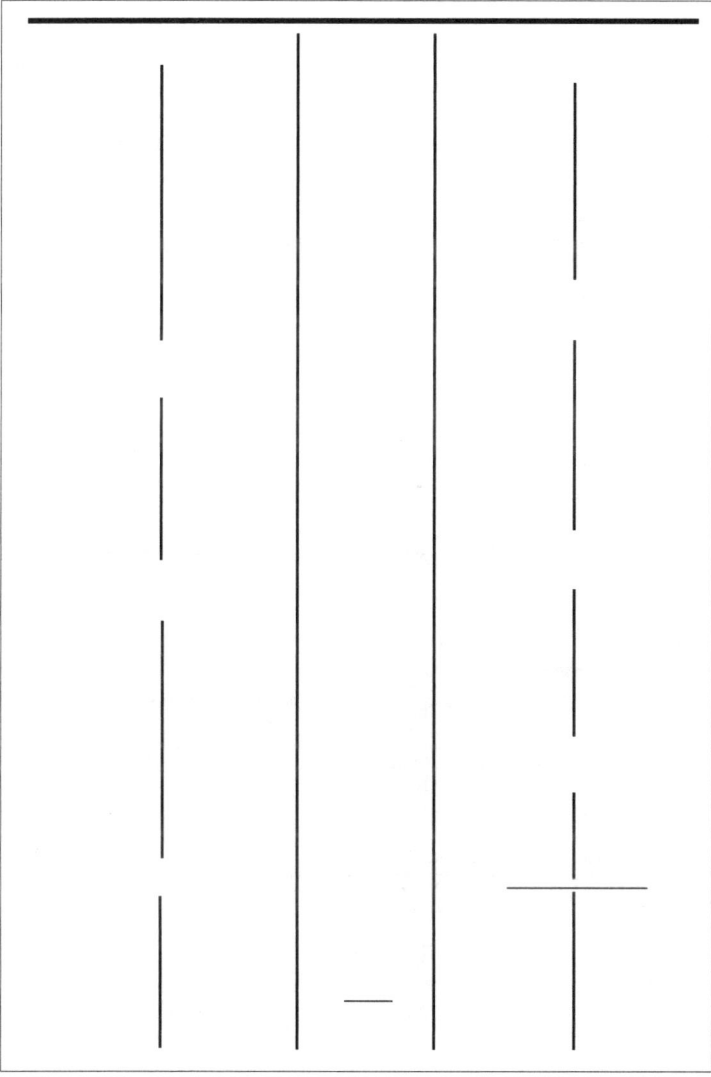

Linien-Skelett Blockumbruch vertikal

Ebenso logisch zeigt sich die Darstellung auf Seite 192 als Treppenumbruch, der seine Bezeichnung ja aus der Anordnung der Überschriften erhielt. Bei dieser Darstellung wird zudem die Notwendigkeit augenfällig, den Artikellauf durch typografische Gestaltungsmittel für das Auge des Lesers zu unterstützen.

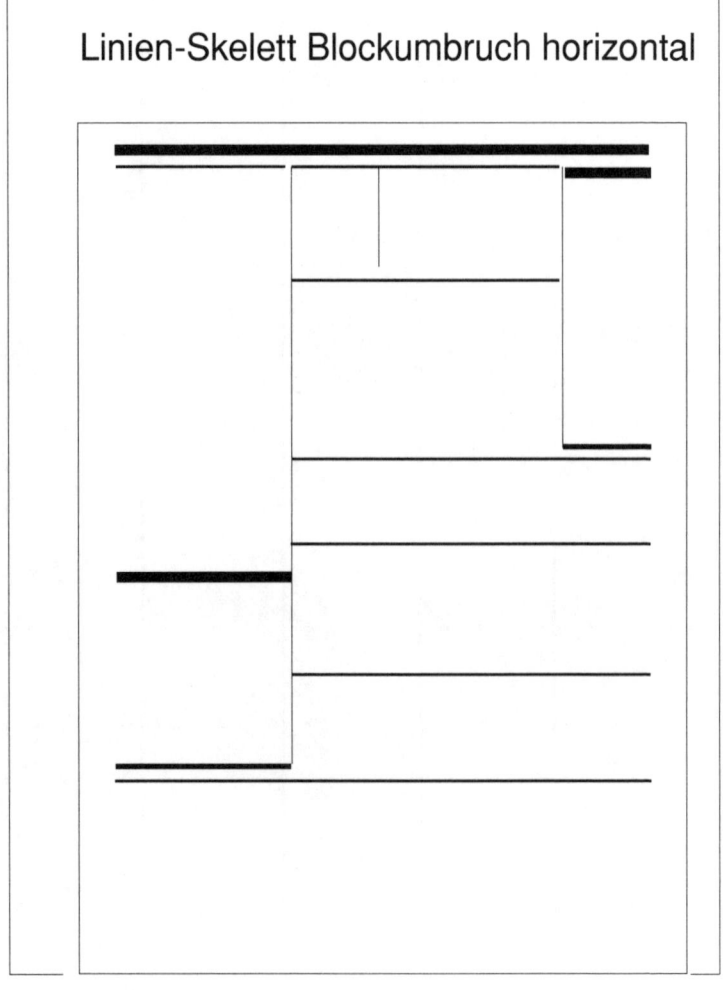

Linien-Skelett Blockumbruch horizontal

Linien-Skelett Treppenumbruch

Die Seite

Überschriften-Skelett
Blockumbruch vertikal

DER TAGESSPIEGEL

Prozeß um Aquino-Mord begann
Angeklagte bezeichnen sich als unschuldig

Landkreise beklagen Einnahmeverluste
durch steigende Sozialausgaben
„Arbeitsmarkt nur durch private Investitionen zu entlasten"

Bischof von Freiburg zurücktritt

DDR-Bürger in den USA
wegen Spionage vor Gericht

Engelhard will Gen-Forschung
notfalls durch Gesetze Grenzen setzen
Ministerium läßt auch rechtliche Fragen einer „Leihmutterschaft" prüfen

Kim Dae Jung sieht Bundesrepublik
als demokratisches Vorbild
Oppositionspolitiker zur Frage der Wiedervereinigung seines Landes

Weiterer südafrikanischer
Bürgerrechtler verhaftet

EG-Kommission fordert mehr Rechte
für Ausländer in der Gemeinschaft
Anwachsen der Fremdenfeindlichkeit registriert

Peres bekräftigt Ablehnung einer
internationalen Nahost-Konferenz
Gespräche in Bonn und Bukarest nützlich und konstruktiv bezeichnet

Generalstreik in Westbeirut

Ankara: Blutige Unterdrückung der
türkischen Minderheit in Bulgarien
Sofias Botschafter weist Anschuldigungen zurück

Libanon protestiert gegen
„israelische Gewaltakte"

Internierte bekämpfen sich gegenseitig
UNO-Bericht über die Lage der Kriegsgefangenen in Iran und Irak

Sowjetunion wollte nicht
über Afghanistan sprechen

Libyen distanzierte sich
von Unterstützung der „RAF"

Statistiker äußern Zweifel
am Nutzen der Volkszählung

Sprengstoff in Uni-Schließfächern

Überschriften-Skelett
Blockumbruch horizontal

Überschriften-Skelett Treppenumbruch

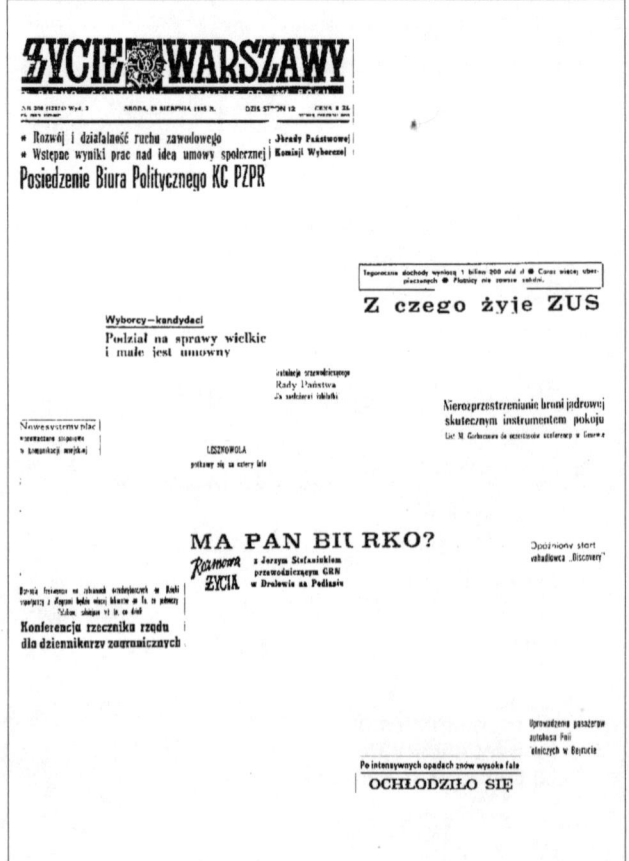

Das neue Jahrhundert

Wie bereits eingangs dieses Buches von mir erwähnt, hat es bei den Tageszeitungen um die letzte Jahrhundertwende größere Veränderungen gegeben als wohl je zuvor in ihrer rund 400jährigen Geschichte. Neben der angesprochenen rasanten Veränderung bei der Herstellungstechnik sind es weitere vier Faktoren, die den Wandel hervorriefen bzw. förderten (ihre Reihenfolge hier stellt keine Wertung dar):

Mit dem Auftritt des Internets und seiner rapiden Verbreitung erwuchs den Tageszeitungen ein neuer »medialer Konkurrent«. Noch intensiver als beim Radio und später dem Fernsehen musste sich die Tagespresse auf zwei Märkten dem neuen und direkten Wettbewerb stellen: bei den Nachrichten und bei den Rubrikenanzeigen – hier namentlich den Immobilien- und den Autoangeboten. Kein Wunder, dass die Zeitungsverlage massiv in das World Wide Web drängten, um hier auf beiden Sektoren Präsenz zu zeigen und sich durch bi-mediale Angebote den Annoncenmarkt jedenfalls teilweise zu sichern. Hinzu trat natürlich eine inhaltliche On-line-Präsenz in unterschiedlichen Formen und Angeboten, die mittels Content-Management-Systemen relativ günstig produziert werden können.
Gerade hinsichtlich der Schnelligkeit und der fast erdrückenden Vielfalt sowie der Möglichkeiten der Nutzer, sich im Internet individuelle Informations- und Nachrichtenangebote (»Portale«) einzurichten, war es für die Tageszeitungen nahezu überlebensnotwendig, sich neu zu positionieren: Zum einen, ihre Komplementärfunktion stärker zu berücksichtigen, d.h. dem Leser nach der schnellen Nachrichtengabe durch Fernsehen/Radio und Internet Hintergründe, Zusammenhänge und Kommentierung anzubieten. Und zum anderen, dass selbst in den »großen« Zeitungen auf der Seite Eins nicht mehr unbestritten die Politik und das nationale/internationale Geschehen dominieren, sondern auch lokale/regionale Ereignisse zum Aufmacher werden können.

Ich persönlich bin übrigens relativ frohgemut, was die Überlebenschancen der Tageszeitung auch mittelfristig angeht: Denn schon in der Vergangenheit konnten wir erfahren, dass sich das »Rieplsche Gesetz« bewahrheitet, nach dem ein neues Medium ein altes nicht verdrängt, sondern dessen Funktion modifiziert.

Ein mehr oder minder dramatischer Leserschwund ist allenthalben, zumindest in der westlichen und westlich orientierten Welt, bei den Tages- und Wochenzeitungen sowie der Mehrzahl der Publikumsillustrierten zu registrieren. Das hängt nicht nur mit der Nutzung anderer Medien und vor allem des Internets sowie einem Rückgang der allgemeinen Lesefähigkeit zusammen, sondern auch mit sozio-ökonomischen Faktoren. Zu nennen sind hier vor allem die Mobilität, die lokale Bindungen (und somit auch die an die Lokalzeitung) und das klassische »vererbte Abonnement« überflüssig bis unmöglich macht, sowie der

Sieger-Regionalzeitungen
beim »European Newspaper Award«

Jahr 2000   Jahr 2002

Trend zu Kleinfamilie und Single-Haushalten, in denen das Ritual der (morgendlichen) Zeitungslektüre ausstirbt.

Gerade Deutschland erfuhr fast ein Jahrzehnt der »Zeitungskrise«. Zu ihr trugen nicht nur die zwei eben erwähnten Umstände bei, sondern vor allem die negative Entwicklung der Wirtschaft: Wenn man berücksichtigt, dass zwischen zwei Dritteln und drei Vierteln des Betriebserlöses bei Zeitschriften und Zeitungen durch das Werbeaufkommen erwirtschaftet wird, kann sich jeder lebhaft vorstellen, wie die Lage der Verlage in Zeiten stark reduzierter Ausgaben für Reklame, Anzeigen u.ä. aussieht. Hinzu tritt bei wachsender Arbeitslosigkeit ein Schwinden der Verkaufs- und Abonnementseinnahmen. Da verkleinern sich nicht nur die Umfänge der Ausgaben, sondern auch die der Redaktionen und sonstiger Ausgaben – und damit die Produktionsabläufe (Stichwort »Outsourcing«).

Boulevardisierung der Medien ist ein Trend, der nicht nur in Deutschland seit dem Beginn der 90er Jahre verstärkt zu beobachten ist. Damit ist gemeint, dass nach dem Muster der

Jahr 2002

Jahr 2004

Boulevardzeitungen und der »Regenbogenpresse« auch beim Hörfunk und vor allem dem Fernsehen das Angebot des »Aktuellen« einerseits zur sogenannten weichen Nachricht (Human touch, Prominenz, Buntes) tendiert, andererseits in Magazinformate wie `Blitz`, `Taff` oder `Leute heute` verpackt wird. Und da wir gelernt haben, dass das Grundgesetz in Typografie und Layout »die Form folgt der Funktion« lautet, ist nachgerade logisch, was folgt: Nun wiederum eine Angleichung der Printmedien an die – vermeintlichen oder tatsächlichen – optisch geprägten Rezeptionsgewohnheiten und Erwartungen des vom Fernsehen geprägten Publikums.

Für diesen und die folgenden Abschnitte:
http://www.snd.org
http://www.newspaperaward.com/

Jahr 2005

Jahr 2006

Die Tabloids

Das im vorherigen Abschnitt Gesagte läuft unweigerlich auf eine, wenn auch nicht gänzlich neue, so doch bislang vor allem in Deutschland bis dato kaum vertretene, Gattung der Tageszeitung hinaus: das Tabloid(-format).

Der Begriff stammt aus dem Englischen und bedeutet zum einen *Boulevard-* oder *Straßenverkaufszeitung.* Die erste Vertreterin dieser Art in Deutschland war die BZ am Mittag, die am 1.10.1877 in Berlin erstmals erschien, die bekannteste zeitgenössische ist wohl die Bild (so die verlagseigene Bezeichnung, früher und umgangssprachlich »Bild-Zeitung«), deren erste Ausgabe am 24.6.1952 auf die Straße kam.

Vergleich von Zeitungsformaten

»The Guardian« hat das (britische) Broadsheet-Format. Das »Neue Deutschland« und die »Berliner Zeitung« besitzen das Rheinische, »Le Monde« das Berliner Format. Die »Daily Mail« und »The Times« haben das Tabloid-Format (das geringfügig unterschiedlich im Schnitt sein kann). Zum Vergleich vorne ein Blatt DIN A4.

Die andere Bedeutung von Tabloid ist ein *Zeitungsformat* (ca. 235 x 315 mm) – welches wiederum bis in die 90er Jahre vor allem von Boulevardblättern (besonders im anglo-amerikanischen Zeitungswesen) genutzt wurde.

Das Berliner und gerade das Tabloid-Format werden auch als *Commuter-* oder *Großstadt-Formate* bezeichnet; denn sie eignen sich besonders für die Pendler (englisch: commuter) als Leser/Konsumenten, die sich nachvollziehbar nicht mit Blättern im Nordischen/Hamburger Format (vgl. Seite 79) herumschlagen können, sondern deren Hälfte *(Halbnordisches),* wenn sie in den engen und vollen Nahverkehrsmitteln sitzen – und dazu wurden die Formate zielgerichtet entwickelt. Inzwischen gilt unter Lesern sogar, wie der Zeitungsdesigner Norbert Küpper zitiert, die Einschätzung, »eine gute Zeitung hat ein handliches Format«.

Beinahe eisern befolgten die Boulevardzeitungen (und tun dies z.T. bis heute) das typografische Grundgesetz »form follows function« mit ihrem kleinen Format, eigenen Layout- und Präsentationsregeln, der Aufgabe von Ressortstrukturen und knappen wie oberflächlichen Textbeiträgen. Hinzu tritt der Umstand, dass Blätter wie `Bild, Sun, Daily Mail` oder `Daily Mirror` (Spottname »Daily Terror«) mehrheitlich eine »unpolitische« über konservative bis reaktionäre Grundhaltung vertreten. So kam es, dass in den APO-Jahren (ca. 1967 bis 1975) und geboren aus der »Anti-Springer-Kampagne« sowie gestützt durch die Publikation `Psychoanalyse der Bild-Zeitung` die Meinung entstand, ein Boulevardblatt könne per se nicht aufklärerisch oder gar links sein.

Es ist übrigens ein Treppenwitz, dass ausgerechnet die erfolgreichste (trotz eines Auflagenverlustes von rund einer Million seit ihrer Blüte mit immer noch Europas höchster und weltweit dritthöchster Auflage) Vertreterin ihrer Gattung, `Bild,` nicht das Tabloid-, sondern das größte, das Nordische, Format hat – was vermutlich mit der Entstehung in Hamburg auf der Rotation des im selben Verlag erscheinenden Hamburger Abendblatts zusammenhing.

In den 90er Jahren begannen europaweit, denn die Zeitungskrise beschränkte sich nicht auf Deutschland, zahlreiche Verlage, auch ihre »seriösen« Titel auf das Tabloid-Format umzustellen und/oder ihren Blättern kompakte Ergänzungstitel beizugeben. Ausländische Beispiele sind neben den Londoner Blättern Times und Independent vor allem Norwegens Bergens Tidende und Schwedens Huvudstadsblad. Überhaupt waren es vor allem die Skandinavier, die hier voran gingen. Unsere bekanntesten »Landeskinder« heißen Welt kompakt als Ergänzung sowie die Frankfurter Rundschau als umgestellte überregionale Tageszeitung.

Mit dem neuen Zeitungsformat (bedingt kann man auch das Berliner Format hinzuzählen, dem sich bekannte Blätter wie der Guardian zuwandten) eröffneten sich in den Tageszeitungen

Als Einheit gestaltete Doppelseiten

neue, bislang dort nicht gesehene Layoutmöglichkeiten, die z.T. recht stark an die Gestaltung von Zeitschriften erinnern bzw. dort anknüpfen. Die Elemente sind, neben dem verstärkten Einsatz von Farben, die Verwendung von großen Fotos und Illustrationen, »gewagtere« Überschriften-Typografie und die Schaffung von *Strecken* sowie das Layouten von Doppelseiten. Am auffälligsten ist gewiss der Auftritt der Seite Eins; insbesondere, wenn er monothematisch gewählt ist, besteht oftmals kein Unterschied mehr zu einer Publikumszeitschrift. Hier haben wir dann nur noch den Titelzug, darunter Anrisse (*Promos*), ein Großfoto (möglichst gut geschnitten) als Aufmacher, ein bis zwei Texte und eventuell noch eine Anriss-Leiste.

Entwicklung weltweit

Doch nicht nur bei den Tabloids hat sich etwas getan. Auch die Macher und Gestalter der anderen Zeitungen haben international nicht geschlafen. Dies sieht man sehr gut auf den Internetseiten der Design-Wettbewerbe (vgl. die Abbildungen auf den vorhergehenden und anstehenden Seiten); die höchstens, es wurde bereits an anderer Stelle gesagt, ein wenig in ein Einerlei abzusinken drohen, da vielerorts (immer wieder) dieselben Designer, etwa Norbert Küpper oder Mario Garcia, an den Blättern gearbeitet haben – für so genannte Face-liftings oder Relaunches.

Dabei bleiben dennoch und gottseidank die nationalen Eigenarten bewahrt: Vor allem europäische Zeitungen nähern sich einander nicht allzu sehr, dafür sind ihre Tradionen zu spezifisch und unterschiedlich – schliesslich korrespondieren Zeitungsdesign und Typografie stark mit anderen Komponenten der nationalen Kulturen. So sind etwa skandinavische Zeitungen für ihre Illustrations- und Bildfreudigkeit bekannt, griechische und türkische für ihre »knalligen« Überschriften, französische für ihre relative Betulichkeit und deutsche für eine gewisse Textlastigkeit, wiewohl diese inzwischen das Pressefoto »erkannt« haben.

Ein besonderer Trend ist in Skandinavien zu beobachten: Die Blätter dort lassen sich für ihre Überschriften ganz spezielle und eigene Schriften entwickeln, um ihr Produkt zu individualisieren und unverwechselbar zu machen. Die Zeitung als besonderer Markenartikel.
Für die Grundschrift gilt das leider nicht in demselben Maße. Noch immer dominieren zu wenige Schriften den Zeitungs- und Zeitschriftensatz. Denken wir nur an die fast allgegenwärtige »Times«, die zudem, weil für die gleichnamige englische Tageszeitung entwickelt, für den deutschen Akzidenzsatz mit seinen vielen Versalien eigentlich gar nicht recht geeignet ist! Und als

Preisträger 2004 und 2006 der »Society of News Design« (USA)

Seiten 202/203:
Hartford Courant, Hartford/Connecticut; *Der Tagesspiegel,* Berlin; *Die Zeit,* Hamburg; *Svenska Dagbladet,* Stockholm; *Marca,* Madrid;
Seiten 204/205:
Äripeäv, Tallinn; *El Economista,* Madrid; *Frankfurter Allgemeine Sonntagszeitung,* Frankfurt; *Politiken,* Kopenhagen

der Berliner Tagesspiegel Anfang der 90er Jahre das Experiment wagte, sich mit der »Gulliver« eine eigene Hausschrift entwerfen zu lassen, dauerte es nicht allzu lange, bis man deren prinzipielle Nichteignung für diesen Zweck erkannte – nach zahllosen Leserinterventionen.

Eine andere Diskussion hat sich erledigt: die um Farbe in der Zeitung. In allen europäischen Tageszeitung hat sich die Verwendung von Farbe(n) durchgesetzt. »Sogar« bei der Neuen Zürcher Zeitung. Dies gilt nicht nur als Selbstverständlichkeit für die Frontseite sowie für Fotos, Illustrationen und Infografiken. Daneben werden die Start- oder Aufschlagseiten der Sektionen (früher: Ressorts) besonders intensiv und in Analogie zur Seite Eins layouterisch hervorgehoben. Zudem beginnen Farbleitsysteme, sich zu etablieren – zumal bei den Tablois, die nicht mehr aus mehreren *Büchern* bestehen.

Verwendung finden natürlich auch Farblinien und -flächen sowie oftmals eine »Hausfarbe«. Interessant ist hier, dass sich die Farbe Blau in diversen und meist dunkleren Tönen breit gemacht hat. Dies erinnert an den monoton-gleichfarbigen Auftritt der Titelblätter bei den zahlreichen Fernseh- und Programmzeitschriften. Offenbar hat sich die klassische Konnotation »blau = kalt, kühl« verschoben.

Auch bei den Nicht-Tabloids werden die Innenseiten mit höherem visuellen Aufwand gestaltet – bis hin zur Plakativität. Ein Thema kann in mehrere Texte meist unterschiedlicher Gat-

tung und verschiedener Sichtweisen aufgespalten präsentiert werden und sich über zwei oder gar mehrere Seiten erstrecken, die gemeinsam gestaltet und/oder mit Themenzeilen verklammert sind. Auch hier finden mehr oder attraktiver gestaltete oder bearbeitete Fotos Raum als auf der klassischen Seite einer Tageszeitung mit ihren drei Fotos, möglichst im berühmten Dreieck angeordnet.

Mit der *Schiebespalte* ist ein neues Layoutmittel in die Zeitungsseiten gezogen: Sie tauchte Mitte der 90er Jahre quasi aus dem Nichts auf und ist plötzlich fast omnipräsent. Gemeint ist damit eine Spalte, die zwei Drittel oder gar nur halb so breit ist (in Ausnahmen sogar anderthalbfach; siehe die FAZ auf S. 213) wie die Normalspalte und damit viel *Weißraum* lässt. Zudem kann sie ihre Position ändern: von ganz rechts bis ganz links – ergo ihr Name. Die Schiebespalte tritt auch häufig mit Text im Rauhsatz auf, womit den Gefahren einer (zu) schmalen Kolumne begegnet wird (vgl. Seite 50ff). Außerdem ist sie in vielen Fällen nicht spaltenhoch, sondern im oberen Teil durch einen Kasten oder ein Foto begrenzt (vgl. Abbildung auf der Nebenseite).

Der Trend zum Weißraum setzte allerdings bereits Anfang/ Mitte der 90er Jahre ein – zumindest in Deutschland. Er tat der traditionellen Textlastigkeit deutscher Tageszeitungen gut. Mehr Weißraum auf der Seite reduziert den Druckanteil. Der Kontrast

Schiebespalte

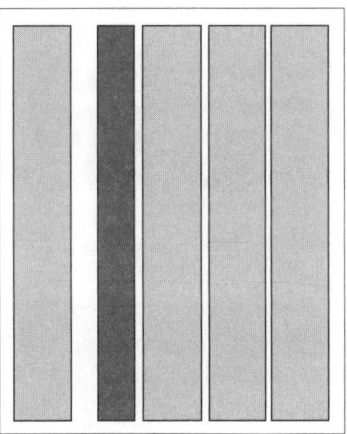
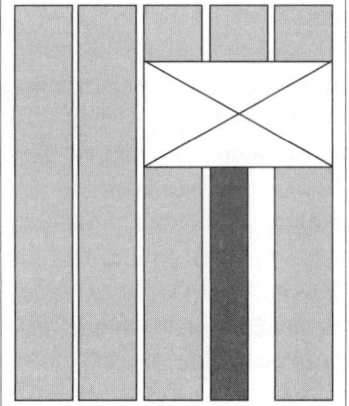

zwischen bedruckter und unbedruckter Fläche wird demnach stärker und lässt Texte markanter erscheinen. Es gilt jedoch zu beachten, dass zu viel Weissraum dem Leser nahelegen kann: Ich habe nichts zu sagen. Dieser Eindruck kann durch größere Schriftgrade und »gestylte« Überschriften, Schiebespalten, großzügige Infografiken sowie mehr und größere Fotos sogar verstärkt werden.

Die einzelnen Ressorts der Zeitungen, und damit meist die Bücher, für Wirtschaft, Kultur, Sport oder Lokales, werden immer häufiger durch eigene Titelseiten eingeleitet, die wie die Seite Eins gestaltet sind und den Leser auf die Angebote im Folgenden aufmerksam machen sollen. Oder sie sind gleichermaßen interessant wie monothematisch aufbereitet - wie das Beispiel hier unten aus dem schwedischen Nörrköping zeigt.
Auch ist ein Trend zur Gestaltungsvielfalt festzustellen. Dabei werden variable Umbruch- bzw. Grundraster (siehe Seite 162ff) mit bis zu 18 Drittelspalten verwendet. Hierbei ist eine spezialisierte Layoutabteilung oder ein Ressort Bild und Gestaltung, wie bei der Süddeutschen Zeitung eingerichtet, eigentlich erforderlich. Denn wo die Redakteure mit der Gestaltung betraut sind, kann es nachvollziehbarerweise auch zu weniger attraktiven Lösungen kommen.

Andererseits: Die Hamburger Wochenzeitung Die Woche hat jahrelang und fast pausenlos Designpreise und Lob eingesammelt – aber kaum Leser. Und der US-amerikanische Zeitungsgestalter Roger Black meint: »Eine Zeitung muss aussehen wie eine Zeitung.« –

Alles Pixel?
Zeitungsalltag im 21. Jahrhundert

»Man ging zu einer Pressekonferenz, sprach mit dem einen oder dem anderen Teilnehmer, kehrte zurück in die Redaktion, griff zum Telefon, um noch ein bisschen zu recherchieren, setzte sich hin und hackte nach dem System ‚zehn Finger blind' auf einer alten Schreibmaschine seinen Beitrag in die Maschine. Irgendwann war dann Redaktionsschluss. Heute ist alles anders – viel schneller und viel schwieriger.«
Der Leiter des ARD-Presseclubs Peter Voß stellte schon vor Jahren fest, dass der geruhsame Alltag für Journalisten Geschichte sei. Geblieben ist nur noch eines: der Redaktionsschluss.

Die elektronische Revolution in den Redaktionen hat zu komplett veränderten Arbeitsabläufen geführt. Das betrifft den *Workflow* in der Redaktion, den die Technik diktiert, ebenso wie die Arbeit der freien Journalisten und der Reporter vor Ort. Schreibzimmer und Metteure sind heute unbekannte Begriffe.

Eine enorme Beschleunigung der Prozesse haben die neuen technischen Möglichkeiten in Medienbetrieben zunächst bewirkt. Hinzu kommt ein erweitertes Aufgabenspektrum für die Journalisten. Beobachten wir, wie der Sportreporter einer Tageszeitung auf einem Außentermin mit der Redaktion zusammenarbeitet:

Das Telefon klingelt beim Bildredakteur einer Tageszeitung: Der freie Kollege vom Sport hat vor wenigen Minuten per E-Mail einige Fotos für seinen Beitrag geschickt. Der Journalist verfasst den Text mobil, vor Ort, mit seinem Laptop, bindet ihn direkt ins Seitenlayout ein und hat dort auch bereits Platzhalter für Bilder eingebaut.
Telefonisch stimmen die beiden die Details für die Fotos ab. Nur die Bildbearbeitung findet oft noch im Stammhaus statt. Dort

werden die fertigen Fotos ins System gestellt – Bilder für Zeitungsdruck zu optimieren ist eine Arbeit, die viel Erfahrung voraussetzt. Nur kurze Zeit nach Ende des Gesprächs gibt der Bildredakteur die Seite für den Druck frei.

Bei webgestützten Redaktionssystemen gibt es keinen Unterschied mehr zwischen den Journalisten, die in der Redaktion ihre Arbeit erledigen, und denjenigen, die vor Ort ihre Texte abfassen.
Der Journalist unterwegs greift auf nahezu die gleichen Ressourcen zu, wie sie der stationär arbeitende Redakteur nutzt. Sämtliche im Redaktionssystem verfügbaren Daten – also Texte, Bilder und Grafiken – können von außerhalb aufgerufen und zur Gestaltung des Beitrages eingesetzt werden.

Auch die von der Zeitung abonnierten Agenturen stehen für die Recherche zur Verfügung. Der ungeliebte Wochenenddienst für Sonntags- und Montagsausgaben der Zeitungen lässt sich mit diesen Hilfsmitteln öfter zu Hause erledigen. Und freie Mitarbeiter sind besser in eine Redaktion eingebunden – ganz gleich, an welchem Ort sie sich befinden. Der Korrespondent aus Delhi oder New York kann es dem eingangs erwähnten Sportredakteur gleichtun und sich via *Internet* ins Redaktionssystem einloggen. Das Internet hat die seit Gutenbergs Tagen nur mäßig veränderte Praxis komplett auf den Kopf gestellt.

Journalisten allerdings werden durch die neue Technik immer mehr in die Rolle schlecht bezahlter Allrounder gedrängt. Das betrifft zunächst die Außentermine. Früher wurden sie – wenn ein Bild eingeplant war – von einem Fotografen und dem zuständigen Textredakteur wahrgenommen. Das gibt es besonders bei Anzeigenblättern und Regional- oder Lokalzeitungen aus Kostengründen schon lange nicht mehr.

Mit einer kleinen Digitalkamera können heute schon für viele Zwecke ausreichende Bilder gemacht werden – auf den Auslöser drücken soll der Journalist »nebenbei«. Neue von Zeitungen angebotene Dienste wie *Podcasts* oder *SMS-Meldungen* erledigt oft der eigentlich für die Abfassung eines ausgereiften journalistischen Textes verantwortliche Kollege mit. Auch die Gestaltung der entsprechenden Seiten verlagert sich mehr und mehr von den Gestaltungsabteilungen in die Ressorts.

Die neuen Möglichkeiten geben den Journalisten die Chance, über die Präsentation ihres Materials selbst zu entscheiden. Gleichzeitig entdecken die Geschäftsleitungen der Medienbetriebe, dass sich in der eigentlich zuständigen Gestaltungsabteilung Arbeitsplätze abbauen lassen. Die optische Qualität kann bei der neuen Arbeitsweise auf der Strecke bleiben. Denn ebenso selten, wie die Kollegen gründlich auf ihre Einsätze als Bildbeschaffer durch Weiterbildung vorbereitet werden, gibt es Angebote zur Qualifizierung in Gestaltungsfragen.

»InCopy«-Schritte…

Der Journalist schreibt in das fertige Layout und führt sämtliche Korrekturen an seinem heimischen Rechner durch. Auch den Übersatz kann man so einkürzen.

Die neue Technik führt zum einen zu einer enormen Verdichtung der Tätigkeit und zum zweiten zu einer in der Breite sinkenden fachlichen Qualifikation. Kein Mensch kann behaupten, dass er gleichermaßen gut mehrere Handwerke beherrsche. Die »Kombi-Journalisten« des Medien- und Kommunikationszeitalters können das natürlich auch nicht. Sie sollen vor Ort Informationen einsammeln, die in möglichst vielen Kanälen des Medienprozesses verwertbar sind. Dieses Rohmaterial sollen sie meist auch noch weiter bearbeiten.

Die Gestaltung einer Seite übernahmen früher eigens dazu abgestellte Kollegen im jeweiligen Ressort der Zeitung oder Zeitschrift. Sie erstellten nach den diversen Konferenzen und Sitzungen Spiegel der Seiten. Nach den Skizzen mussten die einzelnen Lieferanten zuarbeiten. Diese Arbeitsweise wird durch die flächendeckende Nutzung von modernen Redaktionssystemen zunehmend an den Rand gedrängt.

Heute kann jeder Mitarbeiter eine Seite »bauen« – wie oben beschrieben auch »per Geisterhand« aus der Ferne. Das hat zur Folge, dass ein Seitenverantwortlicher beispielsweise Texte nicht mehr im Voraus genau plant und einfach bei einem Korrespondenten »so rund 4000 Zeichen« bestellt. Wenn der nun mehr liefert, ist das für die Redaktion kein größeres Problem, denn eine Seite kann in Minuten umgebaut und neu gestaltet werden – am besten vom Korrespondenten selbst.

Nicht Planung und Absicht stehen bei einer solchen Arbeitsweise im den Vordergrund. Oft werden lediglich die vorhandenen Elemente verteilt. Auf der Strecke bleiben dabei nicht selten individuell auf den Text abgestimmte Fotos und Grafiken. Viele Seiten sehen samt den eingesetzten Fotos langweilig, weil standardisiert, und gewissermaßen bekannt aus.

Mutige Gestaltung erfordert eine Idee und danach deren genaue Umsetzung. Bei großen Verlagen wurden zunächst eigens

Jeder am Layoutprozess Beteiligte kann den anderen seine Ideen zum Layout per Notiz mitteilen.

Art Directors eingestellt, die präzise Vorgaben machen, wie einzelne Seiten auszusehen haben.

Im Alltag der Journalisten unterhalb der Premium-Ebene der Publizistik gibt es diesen Luxus kaum. Hier müssen Zeitungsseiten im Akkord gefüllt werden. Und keine Gestaltungsabteilung legt das Layout für die tägliche Arbeit der Textredakteure an.

Um allerhand technische Aufgaben hat sich der Aufgabenbereich der angestellten Redakteure erweitert. Dafür gerieten gute journalistische Tugenden wie die langfristig angelegte Recherche und die sorgfältige Arbeit am Text ins Hintertreffen. Wie sieht es nun für die freien Mitarbeiter aus?

Neue Anforderungen für den freien Journalisten. Mit der neuen Technik verschiebt sich sein Abgabetermin zunächst »nach hinten«. Manuskripte und Fotos müssen nicht mehr mühselig transportiert werden. Ganze Publikationen können mittels E-Mail und im Netz bereit gestellten Servern mit einem Mausklick ihren Ort wechseln.

Doch dafür erledigt der freie Mitarbeiter Aufgaben, die kaum mehr mit seiner journalistischen Kernkompetenz zu tun haben: Fotos beschaffen, Bilder elektronisch bearbeiten und einbinden, Text umbrechen und ans Seitenlayout anpassen.

Während die Mitarbeiter der großen Zeitungen von ihren Verlagen mit der notwendigen Technik in den Redaktionen ausgestattet werden, müssen die frei arbeitende Journalisten sich eigene Lösungen anschaffen. Die Schreibmaschine wurde schon vor geraumer Zeit vom leistungsfähigen Laptop mit mobiler Internetanbindung ersetzt. So können die Notizen bei der Pressekonferenz gleich in den Rechner eingegeben werden. Eine spätere Bearbeitung ist meist nicht mehr notwendig, man kann die Notizen für die Erstellung des endgültigen Artikels nutzen.

Das freie Journalistenbüro sollte also mobil und dennoch angebunden an die Medienwelt sein: Eine *Flatrate* stellt dies kostengünstig sicher. Einige Anbieter kombinieren die stationäre Internetverbindung mit der Nutzung von so genannten *Hotspots;* Punkten, an denen man sich mit seinem Rechner drahtlos in ein *WLAN-Netz* einschalten kann.

Bei der Hardware gibt es heute wenige Unterschiede. Für einen überschaubaren Preis kann man sich ein Computermodell leisten, das sämtliche Funktionen einer »Content-Manufaktur« über Jahre erledigt.

Auch die Überschriften werden mit InCopy gesetzt – ohne dass Änderungen am Layout vorgenommen werden können.

Gleiches gilt für die Software. Neben einem Werkzeug zur Texterfassung – das kann auch ein Open-Source-Programm sein, eine Gattung, die in ihrer Funktionalität den teuren Office-Lösungen etablierter Softwareunternehmen meist nicht nachsteht – braucht man im Wesentlichen ein Layoutprogramm.

Der Markt für diese Software wird von zwei Platzhirschen dominiert: »Xpress/Passport von Quark« und Adobes »InDesign«. Die Konkurrenz dieser beiden Programme und der entsprechenden Anbieter führte dazu, dass die Fähigkeiten dieser Programme ständig erweitert werden. Welches der beiden besser zu den anliegenden Aufgaben passt, ist im Einzelfall zu prüfen. Die Software, die Kunden, Kollegen und Dienstleister einsetzen, wird die Entscheidung wesentlich beeinflussen.

Alle Dienstleistungen aus einer Hand von der Gestaltung bis zur Druckvorstufe kann ein Journalistenbüro heute anbieten. Im Internet finden sich viele Druckereien, die mit sehr kurzen Lieferzeiten Standardprodukte zu günstigen Preisen herstellen. Besonders für »Corporate Publishing« – also die Herstellung von Mitarbeiter- oder Kundenzeitschriften – ist es oft wichtig, nur einen statt mehrerer Ansprechpartner zu haben.

Neben dem Gestalten von Seiten für Zeitungen und Zeitschriften wird von einem Ein-Mann-Redaktionsbüro oft auch die Lieferung von Fotomaterial verlangt. Hier hat sich das Programm »Photoshop« in vielen Jahren gewissermaßen zur »Killersoftware« (die die Konkurrenz verdrängt) entwickelt. Mit ihm kann jedes Material professionell bearbeitet werden. Auch für ausgefallene Montagen ist es das geeignete Werkzeug.

»Photoshop« stammt ebenfalls von Adobe, einem amerikanischen Konzern, der durch die Etablierung von Produkten für die Druckvorstufe bekannt wurde. »PostScript« und »PDF« (Portable Document Format) sind als Standards aus dem Hause Adobe zu nennen. Seit 2003 bündelt der Konzern seine Angebote rund um die Herstellung von Medien in der »Creative Suite«. Im Basispaket erhält man neben »InDesign« und »Photoshop« das Vektorgrafikprogramm »Illustrator« sowie für die PDF-Erstellung »Acrobat Professional« und weitere Hilfsmittel für die redaktionelle Arbeit. Gegenüber Einzellösungen hat es Vorteile, da man die Paletten und Menüs nicht in jedem Programm erneut lernen muss und sie sehr stabil im digitalen Alltag zusammenwirken. Für den Workflow sind dies gute Argumente, aber sicher haben andere Journalisten weitere Softwarelösungen entdeckt, die ihre Aufgaben optimal lösen helfen.

Welches Redaktionssystem? Neben den professionellen Lösungen der großen Verlage, die oft auch ihren freien Mitarbeitern Zugang zum hauseigenen System gewähren, gibt es auch Redaktionssysteme für »XPress« und »InDesign«. Diese Systeme konzentrieren sich auf die Aspekte des Workflows in der Redaktion und sind meist flexibler einzusetzen als die herkömmlichen Redaktionssysteme.

Journalistenbüros und Verlage, die diese Produktionsumgebung einsetzen, profitieren von den Ressourcen der großen Softwareentwickler. Der Software-Gigant Adobe kann mehr Geld für die Weiterentwicklung von »InDesign« locker machen als ein mittelständisches Unternehmen für ein Zeitungsredaktionssystem. Man kann also ständig auf die neueste Layout-Software zurückgreifen und diese kostengünstig in die eigene Umgebung einpassen.
So wird etwa der Texteditor »InCopy« in kleineren Arbeitsgruppen eingesetzt. Die Adobe-Anwendung ist für die Zusammenarbeit mit »InDesign« konzipiert. Man kann mobil, von verschiedenen Orten aus, mit »InCopy« die entsprechenden Seiten und Layouts öffnen und Texte eingeben. Die Gestaltung hingegen kann mit diesem Texteditor nicht verändert werden.

Die externen Mitarbeiter einer Publikation können mit dieser Kombination von »InCopy« und »InDesign« genau »auf Zeile«

schreiben, ohne dass die Länge des Beitrags vorher mit dem Redakteur exakt festgelegt worden ist. Ihre Beiträge erfüllen die zentral angelegten Layouts mit Leben.

»CopyDesk« von Quark erfüllt die gleiche Aufgabe für »XPress«. Auch hier sieht der Redakteur, wie sein Text später aussehen wird, kann aber nicht in die Gestaltung eingreifen. Mit QPS stellt die Firma Quark auch ein eigenes Redaktionssystem her. In der Referenzliste für dieses »Quark Publishing System« finden sich bekannte Namen der Zeitungs- und Zeitschriftenszene wie etwa `Stern, Spiegel, Berliner Zeitung` oder auch die Schweizer Tageszeitung `Blick`.

Wer die ersten Schritte ins digitale Zeitalter mit »Pagemaker« ging, kann eine spezielle »InDesign Pagemaker-Edition« erwerben. Sie wurde für die erste CS-Version des Programms angeboten und sollte durch die Anpassung vieler »Pagemaker«-Elemente den Umstieg erleichtern.

Diese Version kann man günstig »gebraucht« im Internet bekommen. Nach einer Umlernphase sollte man dann aber neuere Versionen ins Auge fassen, denn die Funktionen werden ständig erweitert. Andererseits ist davon abzuraten, jede Neuerung auf dem Software-Markt sofort zu kaufen. Wichtiger sind zunächst eingespielte und funktionierende Produktionsabläufe mit den eigenen Kunden, den Verlagen oder Druckereien.

Endstation PDF: Denn was immer und wie immer es entsteht, am Ende muss es in die Druckerei oder ins Internet. Hier hat sich die Übermittlung von PDF-Dateien als beste Lösung erwiesen. Die Seiten werden in der jeweiligen Produktionsumgebung hergestellt. Meist per Knopfdruck entsteht ein PDF-Datensatz, der die benötigten Daten auch für die ambitioniertesten Druckprojekte enthält.

Früher mussten mittels Filmen Druckplatten erzeugt werden; heute gilt »Computer-to-Plate«: Wenn eine Zeitungsseite vom Chef vom Dienst als »belichtbar« eingestuft wurde, wird sie

System »Redweb«

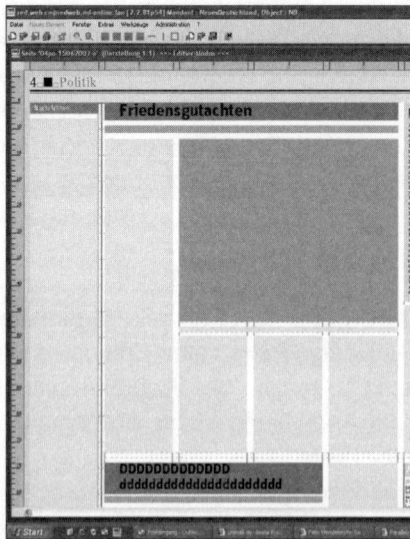

Die Redakteure schreiben ihre Texte in vorbereitete Seiten. Der Ressortleiter hat nach der Frühsitzung die Grobplanung der Seite festgelegt und entsprechende Leerelemente eingezogen.

Anzeigen werden von der Anzeigenabteilung direkt auf den Seiten platziert.

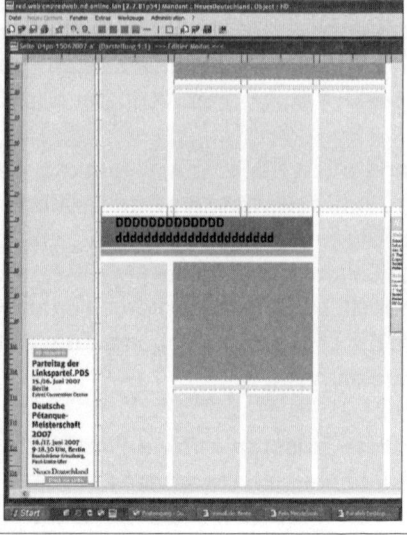

Beim Redaktionssystem »Redweb« melden sich Mitarbeiter in der Redaktion über eine LAN-Verbindung an, extern über Variable Data Publishing (VDP) mittels DSL.

Rechtzeitig zu Redaktionsschluss müssen die Ressorts ihre Beiträge für die Titelseite einstellen.

(Für die naturgemäß geringe Wiedergabequalität der Bildschirmfotos in diesem Band bitten wir um Verständnis.)

»geript« – zu einem ausdruckbaren PDF-Dokument umgewandelt –, und die entsprechende Datei landet per Datenleitung in der Druckerei der Zeitung. Hier wird die Platte hergestellt – ohne den früher üblichen Umweg über einen Film.

Über Breitband-DSL oder Datenleitungen – Datenmengen bis zu 50 Megabyte für eine Zeitungsseite mit vielen Illustrations-Elementen sind heute blitzschnell verschickt. Der Standort der Druckerei ist dabei gleichgültig. Die Zeiten, in denen im vorderen Teil des Gebäudes die Redaktion arbeitete und in einem angeschlossenen Teil die Druckmaschinen ratterten, sind ebenfalls Geschichte. Kein Unternehmen hat einen Standortvorteil durch eine leicht erreichbare Druckerei.

Damit die früher üblichen Korrekturstufen erhalten bleiben, drucken die Journalisten die Seiten, meist im DIN A-3-Format, aus. Allerdings kann man exte und Seiten auch als PDF verschicken. Die Korrekturen werden in diesem Dokument mit virtuellen gelben »Post-Its« angebracht.

Dass am Rechner Fehler schneller gemacht werden als zu Bleisatzseiten und auch noch leichter übersehen werden können, zeigt der tägliche Blick in die Zeitungen und Zeitschriften. Damit die PDF-Dateien zu den gewünschten Druckergebnissen führen, sollte man sich vor jedem Projekt die entsprechenden Definitionen, die *Joboptions,* für das Layoutprogramm vom beauftragten Druckvorstufe-Unternehmen geben lassen. Die Dienstleister sind meist auf alle gängigen Programme vorbereitet und können auch bei der notwendigen Anpassung oder Optimierung des Workflows mit Rat und Tat helfen.

Bei größeren Projekten ist es in jedem Fall angeraten, einen Probelauf zu machen, bevor der Alltagsstress der Zeitungsproduktion beginnt. Zur Stressvermeidung gehört auch, die Kapazitäten und Betriebsabläufe der Druckerei zu erfragen und eventuelle zeitliche Puffer zu erkunden.

Content-Lieferant für verschiedene Kanäle und Medien ist der Journalist heute geworden. Er muss entsprechend den Anforderungen in einer neuen Arbeitsumgebung agieren. Die Zwänge, viele Aufgaben aus angrenzenden Arbeitsgebieten mit erledigen zu müssen, haben zu einer enormen Verdichtung im journalistischen Alltag geführt.

Gemeinsame Redaktionen für Print und Online, die ressortübergreifend nach dem *Newsdesk*-Konzept arbeiten, führen dazu, dass dort wie am Fließband gearbeitet wird. Man bringt seine Notizen und das digitale Diktiergerät mit, muss aber sämtliche persönlichen Gegenstände nach getaner Arbeit wieder mit nach Hause nehmen. Denn die Plätze am Newsdesk werden im Schichtbetrieb von denjenigen besetzt, die eine Aufgabe zu erledigen haben.

Die schöne neue Welt des Mediengestaltens hat aber auch Vorteile für die Erzeuger. Ein Reisejournalist etwa bringt vielfältige Eindrücke im Kopf und auf Fotos mit. Wenn er nun einer Zeitschrift einen Beitrag liefert, kann er viel mehr Einfluss auf das endgültige Erscheinungsbild nehmen als früher. Damals, als die Inhalte durch die Hände etlicher Bearbeiter gingen, hatte er diese Chance nicht. Jetzt liegt ein Teil der Gestaltungsmöglichkeiten bei ihm.

Ob er für die Erweiterung der Aufgaben, die größere Verantwortung und die umfangreichere Dienstleistung entsprechend ausgebildet wurde, und ob er dafür angemessen bezahlt wird, steht indes auf einem anderen Blatt.

Glossar
Englisch-Deutsch /
Deutsch-Englisch

Das Glossar dient zwei Zwecken: Es soll als eine Art Kurzlexikon vieler im Buch verwendeter deutscher Fachbegriffe das Verstehen erleichtern. Es soll, nicht weniger wichtig, einen Zugang zu dem auch bei uns immer stärker verwendeten englischen Fach-Wortschatz eröffnen.

Begriffe aus dem Englischen und vor allem Amerikanischen dringen in die Fachsprache des Journalismus' und, bedingt durch die Computer und ihre vielfach nicht übersetzten Programme und Handbücher, der Typografie sowie der grafischen Techniken (Stichwort Desktop-Publishing) ein. Außerdem gibt es eine Reihe recht ordentlicher Hand- und Lehrbücher über Journalismus und Layout in englischer Sprache. Diese Umstände haben mich veranlasst, ein kleines Glossar zu versuchen, das die Nutzung der erwähnten Bücher und Programme erleichtern soll.

Die Übersicht ist, zumal im vorliegenden Rahmen, gewiss nicht vollständig und vermutlich nicht fehlerfrei. Manche Begriffe werden sinnverwandt oder bedeutungsgleich oder von Haus zu Haus verschieden verwendet, andere haben zwei oder mehrere Bedeutungen. Schwierigkeiten beim Übersetzen entsprangen weiter daraus, daß es Unterschiede zwischen der amerikanischen (US) und britischen (GB) Begriffsverwendung gibt. Und schließlich gibt es Unterschiede zwischen deutschem und anglo-amerikanischem Journalismus hinsichtlich Redaktionsorganisation und Zeitungsgestaltung, so dass Übersetzungen von *termini technici* in Einzelfällen nur eine Näherung sein können.

Das Glossar erstreckt sich über Begriffe aus dem praktischen Journalismus, der Typografie sowie Satz und Druck und entspricht in seinem Umfang dem Ansatz des vorliegenden Buches. Selbstverständlichkeiten wie *page, print* oder *deadline* wurden nicht aufgenommen. Der erste Teil der Wörterliste ist eine englisch-deutsche Übersicht, in der die englischen und amerikanischen Begriffe übersetzt oder, wo nicht möglich, erläutert werden. Der zweite, deutsch-englische, Teil enthält nach dem Stichwort zumeist dessen knappe Erläuterung und dann die Übersetzung.

»A« Matter	Vorspann, auch *Lead* (GB), *Lead-in* (US), *Lede* (im Jargon)
Ad	(Advertisement) Anzeige
Ad Dummy	Anzeigenspiegel
Alibi Copy	Textkopie im Archiv
Alignment	Zeilenfall, Zeilenausrichtung, auch *Justification*
Alley	Zwischenschlag
AM	Morgenzeitung
Ampersand	Das »&«-Zeichen
Arbitrary Column	Wechsel der Spaltenbreite
Area Composition	Spaltensatz
Arm	Horizontale Linie bei Versalien
Ascender	Oberlänge
Asterisk	Das -Zeichen

Back Cover	Rückseite, siehe *Cover*
Backleading	(sprich »ledding«) techn. Möglichkeit zu (1) Durchschußverminderung, auch *Reverse Leading* (2) Überlappung von Buchstaben
Back Opening	Lesestoff zum Start für »Rückwärtsleser«
»Backward« Reader	»Rückwärtsleser«

Banner	Schlagzeile, auch *Flag*
Bar	Balken(linie)
Bar Chart	Balkendiagramm
Baseline	Schriftlinie
Beat	(1) Geschichte, die ein Blatt vor der Konkurrenz bringt, auch *Scoop*
	(2) Exklusivgeschichte, auch *Scoop*
	(3) Berichterstattungsfeld eines Reporters
Beg your pardon	Berichtigung
Benday / Ben Day	Prozeß zur Erzeugung von Grauwerten bei Strichvorlagen
Bite off	Kürzen eines Artikels von hinten
Black (sheet)	Durchschlag(skopie), auch *Dupe*, siehe auch *Flimsy*
Blanket	Gummituch, auch *Offset Blanket*
Bleed(-off)	Über den Satzspiegel hinausragendes grafisches Element (kein Text!)
Blob	Typosignal / Elementare Fläche / Hamburger Baustein, auch *Bullet*
Block	Kolumne
Blower	Journalistenslang für Telefon
Blurb	(1) Textzeile aus einem oder zu einem Teil eines Artikels (als Marginalie oder Zwischentitel), auch Subhead
	(2) Typografisch herausgehobener Kurztext zum Artikel (Zitat, über den Autor o.ä.)
	(3) Umfangreicherer Untertitel bei Zeitschriften, auch *Trailer*
	(4) Zeile auf dem Titelblatt einer Zeitschrift, auch *Teaser*
Body	Der massive Teil der Schriftletter, auch *Shank*
Body (Copy)	Fließtext
Body Size	Schriftgröße
Body Type	Lesegröße, auch *Composition Founts*
Bold(face) /	
Bold type	Fettdruck

Border	(1) Steg
	(2) Rahmen / Kasten, auch *Frame* oder *Box*
Box	Kasten, auch *Border*
Bread-and-	
Butter Type	Brotschrift
Break for Colour	Farbauszug, auch *Colour Seperation*
Break-out	Einblocken spaltenübergreifend
Break Up	Ablegen (des Setzmaterials im Bleisatz)
Brief	Kurzmeldung, auch *Squib*
Broadsheet	Zeitungsformat (ca. 23 x 16 Inches)
Broken Type(s)	Gebrochene Schrift(en)
Bromide	Phrase, Stereotyp
Bug	Zierat / Schmuck, auch *Dingbat*
Bug man	Pedantischer Korrektor, »Korinthenkacker«
Bulldog	Erstauflage / -ausgabe
Bullet	Typosignal / Elementare Fläche / Hamburger Baustein, auch *Blob*
Bunk lead	Vorspann in einer Erstausgabe, der in späteren Ausgaben durch aktuelleren Kenntnisstand ersetzt wird
Burn	Plattenbelichtung
By-Line	Namenszeile (»by…«)

C & SC /	
C & sm c	(Caps and small caps) Kapitälchen, auch *Small Caps*
Canned copy	Waschzettel, auch *Handout*
Cap	Versalie (Capital letter), auch *Upper Case*
Cap-line	Imaginäre Linie am oberen Versalienende
Caption	Bildzeile / -unterschrift, auch *Cutline* oder *Legend*
Carbro	Farbfoto
Case	Setzkasten, auch *frame*
Case Department	Setzerei, auch *Case-Room*
Case-Room	Setzerei, auch *Case Department*

Cast Off	Ermittlung des Raumbedarfs (in Zeilen) eines Manuskriptes als gesetzter Text
Catchline	Spitzmarke, hier als Zeile zur Identifizierung eines Textes, auch *Slug*
Centre Body	Buchstaben ohne Ober- oder Unterlänge, siehe auch *x Height*
Centered	Auf Mitte / zentriert gesetzt
CGO	(can go over) Stehsatz, auch *Standing Type*
Character	(1) Schriftbild
	(2) Schriftschnitt auch *(Type) Face*
Character Width	Dickte
City editor	Lokalchef
City room	Lokalredaktion, auch *Local Newsroom*
Chase	Schließrahmen
Classified	Kleinanzeige, auch *Smalls*
Clipping	Zeitungsausschnitt (US)
Clock-Grid System	»Zifferblatt-Umbruch«
Cockup	Initiale, die über die erste Zeile nach oben hinausragt, auch *Raised Initial* oder *Stand-up Initial*
Cold Type	Kalter / schwereloser Satz
Colophon	Etwa Impressum, Angaben zum Drucker
Colour Separation	Farbauszug, auch Break for Colour
Column	Spalte
Column Rule	Spaltenlinie, auch *Downrule*
Comp(ositor)	Setzer
Comp Lettering	Schriftskizze
Complete Fount	Schriftgarnitur
Composing Stick	Winkeleisen, auch *Stick*
Composition	Satz (techn.)
Composition Founts	Lesegröße, auch *Body Type*
Comprehensive	Seitenspiegel

Condensed Type	Schmalsatz
Copy	Satzvorlage
Copy Editing	Redigieren, auch *Copyreading* oder *Edit*
Copy Editing Symbol	Korrekturzeichen (beim Redigieren)
Copy Fitting	Auszählen
Copyreader	Korrektor, auch *Reader* oder *Rim Man*
Copyreading	Redigieren, auch *Copy Editing* oder *Edit*
Copyreading Symbol	Korrekturzeichen (beim Redigieren), auch *Copy Editing Symbol*
Copy Schedule	Materialspiegel, auch *Guideline Sheet* oder *Slug Sheet* oder *Space Schedule* oder *Story Schedule*
Counter	Punzen (Partie der Letter)
Cover	(1) Umschlag einer Zeitschrift mit *Front Page*, *Inside Front*, *Inside Back* und *Back Cover* (2) Gründliche Recherche, Beschäftigung mit einem Thema, eingedeutscht »eine Geschichte covern«
Cover Line	Schriftzug / Schlagzeile auf dem Titelblatt einer Zeitschrift, auch *Sell Line*
Credit Line	Namenshinweis bei Fotos / Illustrationen
Creed	»Ticker«
Crop Marks	Linien beim Bildbeschnitt
Cropping	Bildbeschnitt
Crosshead	Eingeblockte Überschrift
Cub	Berufsanfänger (US)
Cursive	Schriftgruppe, deren Mitglieder geschriebenen Schriften ähneln (nicht mit unserem »kursiv«, engl. »italic«, zu verwechseln!)
Curtain	Oben, rechts und links mit einer Linie eingefaßte Überschrift, auch *Hood*
Cutline	Bildzeile / -unterschrift, auch *Caption* oder *Legend*
Cut-out	freigestelltes Foto, auch *Outline, Outlining,*

	Silhouette
Cutting	Zeitungsausschnitt (GB)
Date-line	Datumszeile
Dead	(1) Übersatz, auch *Overmatter* oder *Overset*
	(2) Im Bleisatz abgelegtes Setzmaterial nach dem Druck
Decorative Initial	Zierinitiale, auch *Illuminated Initial*
Deck	Element der Überschrift (Dach-, Haupt-, Unterzeile)
Descender	Unterlänge
Didones	Klassizistische Antiqua
Digital Type	Lichtsatz
Dingbat(s)	Zierat / Schmuck, auch *Bug* (GB)
Distribute	Ablegen (von Satzmaterial; nicht zu verwechseln mit »Circulation« als Auflage / Verbreitung)
Dis	(von distribute) Das im Bleisatz abgelegte Material
Display Ad	Gestaltete / werbliche Anzeige
Display Face /	
Type	Schaugröße
Doctor Blade	Rakel(messer)
Double	Doublette
Double Truck	Doppelseitenlayout
Downrule	Spalten(trenn)linie
Drop Letter	Initiale, die über mehrere Zeilen läuft, auch *Indented Initial*
Drop Out	Negativsatz (nur Schrift)
Dummy	(1) Blind- / Probelayout
	(2) Heftplan / -spiegel
Dupe	Durchschlag(skopie), auch *Black* (sheet), siehe auch *Flimsy*
Ear	Anzeigenraum rechts/links des Titelzuges
Earpieces	Anzeigen rechts und links des Titelzuges

Edit	Redigieren, auch *Copy Editing* oder *Copy-reading*
Editor	Redakteur
Editorialize	Vermengen von Nachricht und Kommentar
Em (Space)	Geviert, Breite des »M«, die dem jeweiligen Schriftgrad entspricht, siehe auch *Mutton*
En (Space)	Halbgeviert, Hälfte des Em (Space), auch *Nut*
Engraved Cylinder	Tiefdruckzylinder
Etaoin Shrdlu	Nicht etwa gälisch, sondern die ersten zwei senkrechten Reihen auf der Klaviatur einer Setzmaschine; eine so gesetzte Zeile dient als Platzhalter und wird durch eine korrekte ersetzt
Expanded Type	Breitsatz (Schriftschnitt)
Eyebrow	Dachzeile (US), auch *Strap* (GB), *Highline, Overline* (2), *Teaser* (3) (alle US)

Face	(1) Schriftschnitt, auch *Typeface*
	(2) Schriftbild, auch *Character*
Family	Schriftfamilie, auch *Type Family*
File	Durchgabe eines Nachrichtentextes per Telefon oder Telex, auch Tagessatz einer Agentur
Filler	Etwa »Entrefilet«, auch *Small*
Flimsy	Durchschlag auf speziellem Papier, siehe auch *Black (sheet)* und *Dupe*
Flag	(1) Schlagzeile, auch *Banner*
	(2) Titelzug, auch *Masthead* oder *Nameplate* (meist bei Zeitschriften)
Flash Paragraph	Absatz ohne Einzug
Flong	Noch nicht »geschlagene« Mater
Flop	Kontern
Flush Left / Right	Flattersatz links- / rechtsbündig

Fold	Bruch
Folio	(1) Seitenzahl
	(2) Manuskriptblatt
Folio Line	Kolumnentitel
Font	Alle Lettern einer Schrift(art) eines
	-schnittes und -grades
Forme	(Druck-)Form
Fotog	Photographer
Foundry Type	Handsatz, auch *Hand-set Type*
Fount	Schriftguss
Frame	(1) Rahmen / Kasten, auch *Border*
	(2) Schrift- / Setzkasten, auch *Case*
Free-lance	Freiberuflich
Front Page	Titelseite / -blatt, siehe *Cover*
Fudge	Der »Stop-Press«-Kasten
Furniture	Blindmaterial

Galley	Zeilenschiff, auch *Random*
Galley (Proof)	Bürsten- / Korrekturabzug
Garaldes	Französische Renaissance-Antiqua
Gingerbread	Verzierung (v.a. von Initialen)
Glyphics	Antiqua-Varianten
Gothic	Gotisch
Graphics	Handschriftliche Antiqua
Grid	(1) Layoutbogen
	(2) Layoutraster
Gridding	Blockumbruch
Grid Sheet	Montagebogen
Guideline	(1) Lauftitel
	(2) Spitzmarke
Guideline Sheet	Materialspiegel, auch *Copy Schedule* oder *Slug Sheet* oder *Space Schedule* oder *Story Schedule*
Gutter	Falz

H & J	(hyphenated and justified) Blocksatz mit Silbentrennung
Hairline Rule	Haarlinie
Half-double	Fein-fette Abschlusslinie
Half-stick	Seitenaufriß, auch *Thumbnail* oder *Rough*
Handout	Waschzettel, auch *Canned Copy*
Hand-set Type	Handsatz, auch *Foundry Type*
Hanging Indent	Hängender Einzug, auch *Reverse Indent*
Hanging Initial	Hängende Initiale
Head(line)	Überschrift
Heavy	Qualitätszeitung
Height to Paper	Schrifthöhe, auch *Type Height*
Heliotype	Lichtdruck
Highline	Dachzeile (US), auch *Strap* (GB), *Teaser*, *Overline*, *Eyebrow* (alle US)
Hold	Hinweis auf einer Satzfahne, dass der Text noch nicht freigegeben ist (z.B. vorbereiteter Nachruf)
Hood	Oben, rechts und links mit einer Linie einge-faßte Überschrift, auch *Curtain*
Horizontal Look	Querformat
Hot Type	Heißer / schwerer Satz (Bleisatz)
Illuminated Initial	Zierinitiale, auch *Decorative Initial*
Impression Cylinder	Druckzylinder
Imprint	Etwa Impressum, Angaben zum Heraus-geber
In a Well	Eingesenkte Überschrift
Indent(ion)	Einzug
Indented Initial	Initiale, die über mehrere Zeilen läuft, auch *Drop Letter*
Ink	Druckfarbe
Inside Back	Dritte Umschlagseite, siehe *Cover*

Inside Front Innentitel, siehe *Cover*
Intaglio Tiefdruck, auch *Rotogravure*
Island Eingeblockte Anzeige, auch *Puff*
Italic Kursiv
Jim Dash Kurze Linie zum Trennen von *Decks* (siehe dort) oder Kurzmeldungen
Jump Umlauf, auch *Turn*
Jump head Lauftitel
Justification Zeilenfall, auch *Alignment*
Justified Blocksatz

Keep Down Gemeine verwenden
Keep Up Versalien verwenden
Kerning Unterschneiden
Key Stichwort oder Beitragsnummer auf Seitenspiegeln / Layoutbögen
Kill Fee Ausfallhonorar
Lead (1) Leitartikel (US)
(2) Aufmacher (US und GB)
(3) Vorspann (GB), auch *»A« Matter*
Leader (1) Plural: Punktreihe in Tabellen usw. zur Führung des Leserauges (US)
(2) Bei einer Gruppe von zusammengestellten Fotos das auffallendste (US)
(3) Leitartikel (GB)
Lead-in Anlauf oder Vorspann (US), auch *»A« Matter*
Leading (sprich »ledding«) Durchschuss
Leads Reglette, auch *Slug* oder *Space*
Lede Journalistenslang für
(1) Anlauf oder Vorspann, auch *»A« Matter*
(2) Herausragendes Layoutelement
Leg Schenkel
Leg-man (1) Informant
(2) Reporter vor Ort

Legend	Bildunterschrift / -zeile, auch *Caption* oder *Cutline*
Letterpress	Hochdruck, Buchdruck
Letterspace	Buchstabenabstand, Raum
Library	(Zeitungs-)Archiv, auch *Morgue*
Ligature	Ligatur
Line	Zeile
Line Block	Klischee von einer Strichvorlage
Lineage	Zeilenhonorar
Lineales (Grotesque)	Serifenlose Linear-Antiqua (Groteske)
Line Caster	Setzmaschine, Linotype
Line Counter	Typometer, Zeilenzähler
Line Gauge	Zeilenmaß
Line Graph	Liniendiagramm
Line Illustration	Strichzeichnung / -vorlage
Literal	Setzfehler, auch *Typo*
Live Area	Satzspiegel
Lobster shift	Frühschicht (US)
Local newsroom	Lokalredaktion, auch *City Room*
Log	Terminbuch
Lower Case	Gemeine

Machine Set Type	Maschinensatz
Makeup / Make-up	(1) Synonym für Layout
	(2) Seitenspiegel (GB)
Mangle	Maternpresse
Margin	Steg
Marriage	Gelungene (Schrift-)Schnittmischung
Masking	Abkleben eines Fotos
Masthead	(1) Titelzug, auch *Flag*
	(2) Etwa Impressum, Angaben zu Besitzverhältnissen und Management des Blattes (meist bei Zeitschriften)

Matrix	(1) Matrize
	(2) Mater, auch *Mould*
Mean-Line	Vokalhöhe
Measure	Zeilen- / Spaltenbreite
Mechanical	(von Photomechanical) Montagebogen
M.f.	More follows (obligatorischer Hinweis auf Manuskriptblättern)
Minus Letter-spacing	Einbringen (der Räume)
Minus Word-spacing	Einbringen (der Wortpausen)
Modular Design	Modularer Umbruch
Montage	Zu einer Gruppe zusammengestellte Fotos (und nicht »Montage«!)
Morgue	(Zeitungs-)Archiv, auch *Library*
Mortise	Im Foto ausgeschnittene Ecke, in die ein weiteres Foto gestellt wird
Mould	Mater, auch *Matrix*
Mug Shot	Porträtfoto
Mutton	Der *Em Space* in 12 Points (1 Pica)

Nameplate	Titelzug (meist bei Zeitschriften), auch *Flag*
Natural Column Endings	Spalten mit unregelmäßiger Länge
Natural Story Ending	Ein Artikel endet nicht mit dem Spaltenende, sondern läuft frei aus oder wird mit einem *Dingbat* beendet
Newsprint	Zeitungspapier
N.f.	No fly (Anweisung aufgehoben)
Notch	Fotoausschnitt
Nut	Siehe *En (Space)*

Obit	(von obituary) Nachruf

Odd Folio	Aufschlagseite
Offset Blanket	Gummituch beim Offset
Offset Lithography	Offset (Druckverfahren)
Open Format	Zwischenschlag ohne Spaltenlinie
Orphan	Schusterjunge
Outlining / Outline	Freigestelltes Foto, auch *Silhouette* oder *Cut-out*
Overhead	Durchgabe eines Textes im öffentlichen und nicht im Telexnetz der Presse
Overline	(1) Bildüberschrift (2) Dachzeile, auch *Strap* (GB), *Teaser*, *Highline, Eyebrow* (alle US)
Overmatter	Übersatz, auch *Overset* oder *Dead*
Overprint	Aufdruck, Einkopierung
Overset	Übersatz, auch *Overmatter* oder *Dead*
Oxford Rule	Fett-feine Linie
Page Proof	Ganzseitenabzug, auch *Press Proof*
Panel	(1) Fotoleiste (US) (2) Kleines eingezogenes und oft in Kasten gesetztes Textstück (GB)
Para	Paragraph (Absatz)
Paste-up	Klebeumbruch
Perfecting	Zweiseitendruck
Photocomposition	Fotosatz
Pica	Typografisches Maß: 1 Pica = 12 Points, 6 Picas (72 Points) = 1 Inch
Pica Stick	Zeilenmaß für *Pica*
Pie Chart	Tortendiagramm
Pix	Pictures
Platen	(Druck-)Tiegel
Platen-printing	Tiegeldruck

Platform	Die grundsätzliche publizistische Haltung eines Blattes, auch *Policy*
Play up	Besondere Gestaltung eines Textes
Plus Letter-spacing	Ausbringen (der Räume)
Plus Word-spacing	Ausbringen (der Wortpausen)
PM	Nachmittagszeitung
Point	(1) Siehe *Pica*
	(2) Punkt (Satzzeichen, sonst im engl. »full-stop«)
Policy	Die grundsätzliche publizistische Haltung eines Blattes, auch *Platform*
Pop	(popular paper) Massenblatt
Pork-chop	Halbspaltiges Porträtfoto, auch *Thumbnail*
Press Proof	Ganzseitenabzug, auch *Page Proof*
Printer	TTS-Empfangsgerät
Process Blue	Synonym für Cyan (so auch dt., Grundkörperfarbe Blaugrün)
Process Camera	Repro(duktions)-Kamera
Process Colour	Mehr- / Vielfarbdruck
Process Plate	Druckplatte für eine Farbe bei Mehrfarbdruck
Process Red	Synonym für Magenta (so auch dt., Grundkörperfarbe Purpur)
Progressive Proof	Korrekturfarbauszug
Proofread	Korrektur (des gesetzten Textes)
Proofreading Symbol	Korrekturzeichen (beim Satz)
Proportional Wheel	Rechenscheibe, Fotoscheibe
Proportioning	Proportionale Bildgrößenbestimmung
Publisher	Verleger oder Herausgeber
Puff	Eingeblockte Anzeige, auch *Island*
Pull	Korrekturabzug

Punch	Überraschender Einstieg in eine Geschichte
Put to bed	Schließen des Schließrahmens
Q-A matter	»Question-and-answer«-Material (Interview)
Quoin	Spatie(nkeil)
Ragged	Rauhsatz
Raised Initial	Initiale, die über die erste Zeile nach oben hinausragt, auch *Stand-up Initial* oder *Cockup*
Random	Zeilenschiff, auch *Galley*
Reader	Korrektor, auch *Copyreader* oder *Rim Man*
Ream	500 Bogen / Blatt Papier
Reel-fed	Rollendruck
Reference Founts	Konsultationsgröße
Register	Einpassen
Registration Mark	Passermarke (siehe *Register*)
Rejig	Überarbeitung / Aktualisierung von Texten
Release copy	Text mit Sperrfrist
Retainer	Pauschale
Reverse	Negativsatz (nur bei Fotos / Illustrationen)
Reverse Indent	Hängender Einzug, auch *Hanging Indent*
Reverse Leading	(sprich »ledding«) Durchschußminderung, auch *Backleading*
Rim	Arbeitsplatz des Korrektors
Rim man	Korrektor, auch *(Copy) Reader*
Roman	(1) Serifenschrift (2) Senkrecht stehende Schriften
Rotary Press	Rotationsmaschine
Rotunda	Rundgotisch
Rough	Seitenaufriss, auch *Thumbnail* oder *Halfstick*
Rotogravure	Tiefdruck, auch *Intaglio*
Routing	Bearbeitung (Fräsen) eines Rundstereos
Rule	Linie (und nicht *Line* = Zeile)
Run-on	Ohne Absatz durchgesetzter Text
Running Foot	Unterer »lebender« Kolumnentitel
Running Head	Oberer »lebender« Kolumnentitel

»Sacred« Picture	Foto / Illustration, das / die in Originalgröße wiedergegeben werden soll
Scaling	Dimensionale Bildgrößenbestimmung
Schedule	Produktionsplan
Section	Buch (als Teil einer Zeitung)
Scoop	(1) Geschichte, die ein Blatt vor der Konkurrenz bringt, auch *Beat*
	(2) Exklusivgeschichte, auch *Beat*
Screen	Verlaufsraster
Scripts	Schreibschriften
Sell Line	Schriftzug auf dem Titelblatt einer Zeitschrift, auch *Cover Line*
Set and Hold	Siehe *Hold*
Set Solid	Kompreß(satz)
Setting	Satz (techn.)
Shank	Der massive Teil der Schriftletter, auch *Body*
Sheet Fed	Bogendruck
Shoulder	Achselfläche
Side	Fernschreiberabriss, auch *Tape*
Sidebar	Marginalie
Sidehead	Zwischentitel in einer Marginalie
Side-stick	Schließsteg
Signature	Druckbogen
Silhouette	Freigestelltes Foto, auch *Outlining* oder *Outline*
Sink	Kopfsteg
Slab Serifs	Serifenbetonte Linear-Antiqua
Slip	Wechselseite
Slot	Arbeitsplatz des Schicht- oder Redaktionsleiters
Slug	(1) Reglette, auch *Leads* oder *Space*
	(2) Spitzmarke, hier als Zeile zur Identifizierung eines Textes, auch *Catchline*
	(3) Zeile aus der Setzmaschine

Slug Sheet	Materialspiegel, auch *Copy Schedule* oder *Guideline Sheet* oder *Space Schedule* oder *Story Schedule*
Small	(1) Etwa »Entrefilet«, auch *Filler*
	(2) Kleinanzeige (im Plural)
Small Caps	Kapitälchen, auch *s & sm c*
Smalls	Kleinanzeigen, auch *Classified*
Solid	Siehe *Set Solid*
Space	Reglette, auch *Slug* oder *Leads*
Space Schedule	Materialspiegel, auch *Copy Schedule* oder *Guideline Sheet* oder *Slug Sheet* oder *Story Schedule*
Special Position	Plazierte Anzeige
Splash	Aufmacher einer Zeitung
Split Page	Erste Seite eines Buches (als Teil einer Zeitung)
Spread	(1) Nebeneinanderliegende Seiten
	(2) Gestaltung eines wichtigen Artikels
Squib	Kurzmeldung, auch *Brief*
Standing Type	Stehsatz, auch *CGO*
Stand-up Initial	Initiale, die über die erste Zeile hinausragt, auch *Raised Initial* oder *Cockup*
Stereotype	Rundstereo
Stick	Winkeleisen, auch *Composing Stick*
Stock	Druckpapier
Stone	Seitenschiff
Stonehand	Metteur
Story Schedule	Materialspiegel, auch *Copy Schedule* oder *Guideline Schedule* oder *Slug Sheet* oder *Space Schedule*
Strap	Dachzeile, auch *eyebrow, teaser, highline, overline* (alle US)
Streamer	Mehrspaltige Überschrift
Stringer	Ortskraft
Style	Stil des Hauses bei Interpunktion, Schreibweise, Layout etc.

Subhead	(Unterzeile oder meist) Zwischentitel, auch *Blurb*
Subscript	Tief(er)gestelltes Zeichen
Supercaster	Monotype
Superscript	Hochgestelltes Zeichen
»Swash« Letter	Buchstabe mit ausgeprägter / überdimensionierter Serife
Swelled Rule	Englische Linie
Symmetrical Balance	Symmetrischer Umbruch

Tabloid	Zeitungsformat (ca. 16 x 12 Inches), z.T. als Synonym für Boulevardzeitung
Tag	(1) Untertitel
	(2) Quellenhinweis (Agentur) am Ende des Textes
	(3) Überraschendes Ende einer Geschichte
Tape	Fernschreiberabriß, auch *Side*
Teaser	(1) Zeile auf dem Titelblatt einer Zeitschrift, auch *Blurb*
	(2) Textzeile in der Vorschau auf die nächste Ausgabe einer Zeitschrift
	(3) Dachzeile, auch *Strap* (GB), *Highline, Overline, Eyebrow* (alle US)
Template	Maske, Schablone
Thirty	Das Ende
Thumbnail	(1) Verkleinerte Darstellung eines Seitenlayouts, siehe auch *Half-stick* oder *Rough*
	(2) Halbspaltiges Porrätfoto, auch *Pork-chop*
TR	(Turn rule) Anweisung, eine Reglette senkrecht zu stellen, um den Platz einer Korrektur oder Änderung im Text zu markieren
Trailer	Umfangreicherer Untertitel bei Zeitschriften, auch *Blurb*

Transitionals	Barock-Antiqua
Transpose	Eine Letter, ein Wort, eine Zeile, eine Illustration austauschen
Trim	Kürzen eines Textes
Tube	Rohrpost
Turn	Umlauf, auch *Jump*
Typeface /	
Type Face	(1) Schriftschnitt, auch *Character* oder *Face*
	(2) Schriftbild, auch *Character* oder *Face*
Type Family	Schriftfamilie, auch *Family*
Type Height	Schrifthöhe, auch *Height to Paper*
Type Schedule	Auszähltabelle für Überschriften
Type Size	(1) Schriftgrad
	(2) Kegel
Typo	(Typographical Error) »Druckfehler« (richtig: Setzfehler), auch *Literal*

Underscore	Unterstreichung (bei Text / Satz)
Upper Case	Versalie, auch *Cap*

Vandyke	Kontaktabzug
Venetian	
Humanist	Venezianische Renaissance-Antiqua
Vet	Juristische Kontrolle von Text vor der Publikation

Waste Circulation	Streuverlust
Web	(1) Papierrolle
	(2) Papierbahn
Weight	(1) Duktus der Schrift wie schmal oder fett
	(2) »Gewicht« eines Elements auf der Seite
	(3) Papiergewicht, gemessen am *Ream*

	(siehe dort)
W.f.	Wrong fount (Letter aus einer falschen Schrift im Satz)
White (Space)	Weiße / nicht bedruckte Fläche
Widow	Hurenkind
Width	Laufweite einer Schrift wie schmal-, normal oder breitlaufend
Wire Machine	Fotofax-Gerät
Wordspace	Wortpause
Wrap-Around	Text, der eine Illustration, ein Foto oder ein *Blurb* (siehe dort) umläuft
x Height	Mittellänge, siehe auch *Centre Body*

Abkleben Eines Fotos. - *Masking*

Ablegen Das Zurücklegen der Lettern in den Setzkasten bzw. der Kolumnen aus der Setzmaschine zum Wiedereinschmelzen. - *Break up* oder *Distribute;* das abgelegte Material heißt *Dis* (von distribute)

Abschlusslinie Halbspaltenbreite Linie am Schluß eines Artikels. - *Half-double*

Absatz *Para(graph)*

Achselfläche Teil der Bleiletter. - *Shoulder*

Anlauf Die ersten, meist typografisch ausgezeichneten Wörter eines Artikels oder Absatzes. - *Lead-in* oder *Lede* (Jargon)

Antiqua-Varianten Schriftgruppe. - *Glyphics*

Anzeige *Ad;* Kleinanzeige - *Classified;* gestaltete / werbliche Anzeige - *Display Ad;* eingeblockte Anzeige - *Puff* oder *Island;* Anzeigen rechts und links des Titelzuges sind *Earpieces,* deren Standplätze *Ears*

Anzeigenspiegel Übersicht der Anzeigenbelegung einer Ausgabe. - *Ad Dummy*

Archiv *Library* oder *Morgue*

Aufdruck Bei Fotos, vgl. Überkopierung. - *Overprint*

Aufmacher Wichtigster Beitrag eines Periodikums, bei Zeitungen auf der ersten Seite mit Schlagzeile, bei Zeitschriften meist mit Bezug zum Titelbild. - *Lead*, bei Zeitungen auch *Splash*

Aufschlagseite Die rechten Seiten eines Druckwerks mit ungerader Seitenzahl. - *Odd Folio*

Ausbringen Vergrößerung der Wortpausen (Abstände zwischen Wörtern). - *Plus Wordspacing;* beim Foto- und Lichtsatz auch der Räume (Buchstabenabstände). - *Plus Letterspacing*

Ausfallhonorar *Kill Fee*

Auszählen Eines Manuskripts zur Ermittlung der Zeilenzahl je Spaltenbreite. - *Copy Fitting*

Auszähltabelle   Für Überschriften. - *Type Schedule*

Balkendiagramm Diagrammart zur vergleichenden Darstellung von Zahlenwerten. - *Bar Chart*

Balken(linie)   Starke Linie ab etwa 2 Punkt. - *Bar*

Barock-Antiqua Schriftgruppe. - *Transitionals*

Berichtigung   *Beg your pardon*

Berufsanfänger *Cub* (US)

Bildbeschnitt   Bestimmung der wiederzugebenden Partie und ihrer Größe bei einer Foto- oder Illustrationsvorlage. - *Cropping* mit *Crop Marks*

Bildgrößen-
bestimmung   (1) Bestimmung der Proportionen bei der Bearbeitung (vgl. Bildbeschnitt) einer Illustration. - *Proportioning*
(2) Bestimmung der Dimensionen bei der Wiedergabe nach der Vergrößerung / Verkleinerung einer Illustration. - *Scaling*

Bildüberschrift *Overline*

Blindlayout   Eine fertig montierte Seite, die statt der originalen Text- und Illustrationselemente beliebiges Material (Blindtext) in der vorgesehenen Anordnung enthält. - *Dummy*

Blindmaterial   Nicht druckendes Material zur Komplettierung des Schließrahmens. - *Furniture*

Blocksatz   Vgl. Zeilenfall. - *Justified*

Blockumbruch   Verfahren beim Umbruch. - *Gridding*

Bogendruck   Das Papier wird der Druckmaschine in Bögen zugeführt. - *Sheet Fed*

Breitsatz   Vgl. Schriftschnitt. - *Expanded Type*

Brotschrift   Mengensatz, mit dem der Setzer »sein Brot verdient«. - *Bread-and-Butter Type*

Bruch   Die (gedachte) horizontale Mittellinie der Zeitungsseite. - *Fold*

Buch   Auch Bündel, Lage, Produkt; produktionstechnisch bedingt, besteht eine Zeitung aus mehreren mehrseitigen Teilen. - *Section;* deren jeweils erste Seite heißt *Split Page*

Buchdruck Druckverfahren. - *Letterpress*

**Buchstaben-
abstand** Auch Raum. - *Letterspace*

Bürstenabzug Kopie des gesetzten, aber (meist) noch nicht umbrochenen Satzmaterials zur Korrektur. - *Galley (Proof)*

Dachzeile Zeile über der Überschrift. - *Strap* (GB), auch *eyebrow, highline, overline oder teaser* (alle US)

Datumszeile Nennung von Ort und Datum im Anlauf bei Meldung, Nachricht und Bericht. - *Date-line* (nicht: Deadline!)

Dickte Die durch die Buchstabenbreite bedingte Ausdehnung (Breite) der Letter. - *Character Width*

**Doppelseiten-
layout** Das Gestalten zweier nebeneinander lie-gender Seiten als Einheit, meist bei den beiden Innenseiten (»Filet«). - *Double Truck*

Doublette Text, der in einer Ausgabe versehentlich zweimal auftaucht. - *Double*

**Dritte Umschlag-
seite** Vgl. Umschlag. - *Inside Back*

Druckbogen Bücher und Zeitschriften werden i.d.R. auf Bögen mit 8, 16 oder 32 Seiten gedruckt, diese werden in der richtigen Seitenabfolge zusammengestellt. - *Signature*

Druckfarbe *Ink*

»Druckfehler« Eigentlich und richtig: Setzfehler. - *Typo* oder *Literal*

Druckform Vgl. Form

Druckpapier	*Stock*
Drucktiegel	Siehe Tiegel
Druckzylinder	*Impression Cylinder*
Durchschlag	Manuskriptkopie mit Kohlepapier. - *Black (sheet)* oder *dupe* oder, wenn auf speziellem Durchschlagspapier, *flimsy*
Durchschuß	Zeilenabstand, gemessen von Schriftlinie zu Schriftlinie. - *Leading* (sprich »ledding«)
Durchschuss-verminderung	Vgl. auch Kompress(satz). - *Reverse Leading* (sprich »ledding«)
Duktus	Wiedergabebild eines Buchstaben wie fein, normal, fett. - *Weight*

Einblocken	Setzen eines grafischen oder Textelementes oder einer Anzeige in den Fließtext. Dies kann auch spaltenübergreifend, z.B. mit dem Zwischenschlag als Mittellinie, geschehen. - *Break-out;* bei einer Überschrift *Crosshead;* bei einer Anzeige *Puff*
Einbringen	Verkleinerung der Wortpausen (Abstände zwischen Wörtern). - *Minus Wordspacing;* beim Foto- und Lichtsatz auch der Räume (Buchstabenabstände).- *Minus Letterspacing*
Eingesenkte Überschrift	Die Überschrift steht zwischen den äußeren Schenkeln eines mehrspaltigen Artikels. - *In a Well*
Einkopierung	In ein Foto oder eine Illustration gestellter Text. - *Overprint*
Einpassen	Korrekte Positionierung von Elementen, z.B. bei Mehrfarbdruck, so dass sie an der richtigen Stelle drucken. - *Register*
Einzug	Einrücken eines Zeilenanfangs. - *Indent(ion)*

Elementare
Fläche Vgl. Typosignal.
Englische Linie Vgl. Linie; diese schwillt zur Mitte hin an. - *Swelled Rule*
Entrefilet Kleines Textstück, das – v.a. im Feuilleton – früher noch in der Mettage geschrieben und eingefügt wurde, wenn die Textmenge geringer ausfiel als das Layout vorsah. - *Filler* oder *Small* (im Singular)
Erstausgabe /
-auflage Die erste Version, die die Rotation verlässt, etwa die Exemplare für den Auslandsverkauf oder die Fernausgabe einer überregionalen Zeitung. - *Bulldog* (siehe auch *Bunk lead*)
Exklusiv-
geschichte *Beat* oder *Scoop*

Falz Das Areal der beiden Innenstege gegenüberliegender Seiten. - *Gutter*
Farbauszug Zerlegung einer farbigen Vorlage in die 4 Auszüge Gelb, Magenta, Cyan und Schwarz. - *Break for Colour* oder *Colour Separation*
Farbfoto Als Original / Vorlage bei Mehrfarbdruck. - *Carbro*
Fernschreiber-
abriss Von der Rolle des Fernschreibempfangsgerätes abgerissenes Papier, auf dem sich eine Agenturmeldung befand und das dem jeweiligen Ressort zuging. - *Side* oder *Tape*
Fettfeine Linie Vgl. Linie. - *Oxford Rule*
Fettsatz Auch gefetteter Satz (vgl. Schriftschnitt). - *Bold(face)*
Flattersatz Vgl. Zeilenfall. - *Flush Left* oder - *Right*
Fließtext Der Text eines Artikels ohne Überschriften,

	Zwischentitel usw. - *Body (Copy)*
Form	(auch Druckform) Beim Hochdruck das Material, das in den Schließrahmen gestellt wird. - *Forme*
Fotoausschnitt	Wiedergegebene Partie eines Fotos nach Bildbeschnitt. - *Notch*
Fotoleiste	Horizontale oder vertikale Reihe von Fotos gleicher Höhe oder Breite. - *Panel*
Fotofax-Gerät	Vergleichbar dem Fernschreiber übertrug es Fotos. - *Wire Machine*
Fotosatz	Satzverfahren. - *Photocomposition*
Fotoscheibe	Vgl. Rechenscheibe
Französische Renaissance-Antiqua	Schriftgruppe. - *Garaldes*
Freiberuflich	*Free-lance*
Freigestelltes Foto	Entfernung des Hintergrundes auf einem Foto, so dass die wiedergegebenen Elemente darauf mit ihren Konturen freistehen. - *Outlining* oder *Outline*, auch *Silhouette* oder *Cut-out*
Ganzseitenabzug	Korrekturabzug einer Seite, ehe sie zum Druck freigegeben wird. - *Press Proof* oder *Page Proof*
Gebrochene Schrift(en)	Schriftgruppe(n). - *Broken Type(s)*
Gemeine	Kleinbuchstabe. - *Lower Case*
Gestaltete Anzeige	*Display Ad*
Geviert	Quadrat aus der Höhe des Schriftgrades für den Einzug. - *Em (Space)* oder *Mutton*
Gotisch	Schriftgruppe. - *Gothic*

Grundsätzliche
publizistische
Haltung   *Platform* oder *Policy*
Gummituch   Zwischenstufe beim Offsetdruck, auch als
Gummizylinder. - *(Offset) Blanket*

Haarlinie   Vgl. Linie. - *Hairline Rule*
Hängender
Einzug   Der Text / Absatz ist außer der ersten Zeile
eingezogen. - *Hanging Indent* oder *Reverse
Indent*
Halbgeviert   Rechteck aus Höhe des Schriftgrades und
halberHöhe als Breite. Vgl. Geviert. -
En Space) oder *Nut*
Hamburger
Baustein   Vgl. Typosignal
Handsatz   Satzverfahren. - *Foundry Type*, auch *Hand-
-set Type*
Handschriftliche
Antiqua   Schriftgruppe. - *Graphics*
Heftplan   Vgl. Heftspiegel
Heftspiegel   Bei Zeitschriften das (Grob-)Layout der ge-
samten Ausgabe als Übersicht in einer
»Strecke« (die Seiten stehen fortlaufend
nebeneinander) oder als gefaltetes Bündel.
- *Dummy*
Heißer Satz   Bleisatz. - *Hot Type*
Herausgeber   Publisher
Hochdruck   Druckverfahren. - *Letterpress*
Hochgestelltes
Zeichen   z.B. Exponenten. - *Superscript*
Hurenkind   Die letzte Zeile eines Absatzes als Beginn
der nächsten Spalte. - *Widow*

Impressum   Presserechtlich erforderliche Bennung der an der Herstellung eines Periodikums verantw. Beteiligten in Deutschland. Vor allem bei Tageszeitungen in GB und US in unserer Form unüblich; werden Angaben zum Drukker gemacht, *Colophon;* zum Herausgeber, *Imprint;* zu Management und Besitzverhältnissen, *Masthead*

Initiale   (nicht: Initial!) Anfangsbuchstabe mit einem größeren Schriftgrad als der Fließtext. - *Stand-up Initial* oder *Raised I.* oder *Cockup,* wenn sie über die erste Zeile ragt; *Indented Initial* oder *Drop Letter,* wenn sie über mehrere Zeilen läuft; *Hanging Initial,* wenn sie außerhalb des Satzspiegels steht

Innentitel   Vgl. Umschlag. - *Inside Front*

Kalter Satz   Photo-, Licht- und Composersatz. - *Cold Type*

Kapitälchen   Versalie in der Höhe einer Gemeinen. - *Small Cap,* auch *C & SM C* oder *C & SC*

Kasten   Linienelement um einen Text oder eine Illustration. - *Box* oder *Border*

Kegel   Die durch den Schriftgrad bedingte Ausdehnung (Tiefe) einer Letter. - *Type Size*

Klassizistische Antiqua   Schriftgruppe. - *Didones*

Klebeumbruch   Beim Fotosatz das Aufkleben des Textmaterials ohne Fotos / Illustrationen auf einen Montagebogen. - *Paste-up*

Kleinanzeige   *Classified* oder *Smalls* (im Plural)

Kolumne   (1) Produkt der Setzmaschine als noch nicht umbrochener Text. - *Block*
(2) Wiederkehrende Rubrik eines oder mehrerer Kolumnisten.

(3) Vgl. Spalte

Kolumnentitel Titel einer Seite, meist im Seitenkopf. Befindet er sich innerhalb des Satzspiegels, wird von einem »lebenden«, steht er außerhalb, von einem »toten« K. gesprochen. - *Folio Line*, auch *Running Head;* steht er nicht im Seitenkopf, sondern am Seitenfuß, *Running Foot*

Kompress(satz) Zeilen mit geringem Durchschuss. - *(Set) Solid*

Konsultations-
größe Die Schriftgrade von 6 bis 8 Punkt. - *Reference Founts*

Kontaktabzug Fotoabzug vom Negativ zur Begutachtung. - *Vandyke*

Kontern Spiegelbildliche Wiedergabe eines Fotos. - *Flop*

Kopfsteg Das obere unbedruckte Feld zwischen Papierrand und Satzspiegel. - *Sink*

Korrektor *Copyreader* oder *Reader* oder *Rim man;* sein Arbeitsplatz heißt *Rim*

Korrektur Lesen des gesetzten Textes (vgl. auch Bürstenabzug) auf typografische und orthografische Fehler. - *Proofread*

Korrekturabzug Vgl. Bürstenabzug. - *Galley (Proof)* oder *Pull*

Korrektur-
farbauszug Prüfung der einzelnen Farbauszüge (vgl. Farbauszug) separat und kombiniert bei Mehrfarbdruck. - *Progessive Proof*

Korrekturzeichen (1) *Copy Editing - / Copyreading Symbol* beim Redigieren von Manuskripten.
(2) *Proofreading Symbol* bei Satzmaterial.

Kürzen Eines Textes / Artikels. - *Trim,* von hinten weg *Bite Off*

Kursiv Vgl. Schriftschnitt. - *Italic* (nicht: *Cursive*)

Kurzmeldung   *Brief* oder *Squib*

Lauftitel   (1) Stichwortartige Überschrift bei einem
Umlauf. - *Jump head*
(2) Stichwort (im Seitenkopf) als Themen- /
Inhaltsbeschreibung. - *Guideline*

Laufweite   einer Schrift wie schmal, normal, breit. -
Width

Layoutbogen   Vorbereiteter Bogen zur Gestaltung der
Seite. - *Grid*

Layoutraster   Grundstruktur zum Layouten der Seiten. -
Grid

Leitartikel   *Lead* (US), *Leader* (GB)

Lesegröße   Schrift (bei uns von 9 bis 12 Punkt) für Mengentext. - *Body Type* oder *Composition
Founts* (13 Points oder kleiner)

Lichtdruck   Druckverfahren. - *Heliotype*

Lichtsatz   Satzverfahren. - *Digital Type*

Ligatur   Buchstabengruppe auf einem Schriftkegel,
z.B. ff oder fl. - *Ligature*

Linie   Typografisches (Gestaltungs-)Element. -
Rule, ab etwa 2 Punkt Stärke (Balken) *Bar*

Liniendiagramm   *Line Graph*

Lokalchef   *City editor*

Lokalredaktion   *City room* oder *Local newsroom*

Manuskriptblatt   *Folio*

Marginalie   Zusammenfassung oder Stichwort neben
der Fließtextspalte, meist typografisch ausgezeichnet. - *Sidebar*

Maschinensatz   Satzverfahren. - *Machine Set Type*

Maske   Bei der Arbeit am Bildschirm programmierte
Gestaltungs- oder Ordnungsvorgaben. -
Template

Massenblatt   *Pop (von popular paper)*

Mater	Zwischenform beim Hochdruck zum Gießen des Rundstereos. - *Matrix* oder *Mould;* wenn sie noch nicht »geschlagen« ist, *Flong*
Materialspiegel	Übersicht über das Text- und Illustrationsmaterial, das für eine Seite vorgesehen ist. - *Copy Schedule*, auch *Guideline Sheet, Slugsheet, Space Schedule* oder *Story Schedule*
Maternpresse	In ihr wird die Mater »geschlagen«, d.h. auf das Seitenschiff gepreßt. - *Mangle*
Matrize	Gießform zur Herstellung von Lettern / Zeilen im Bleisatz. - *Matrix*
Mehrfarbdruck	*Process Colour*
Metteur	Grafische Fachkraft im Bleisatz. - *Stonehand*
Mittellänge	Die Buchstabengröße zwischen Vokalhöhe und Schriftlinie. - *x Height*, vgl. auch *Center Body*
Modularer Umbruch	Verfahren beim Umbruch mit entspr. Gestaltungsraster. - *Modular Design*
Monotype	Einzelbuchstaben-Setz- und Gießmaschine. - *Supercaster*
Montagebogen	Bogen, auf dem das im Fotosatz erzeugte Textmaterial entspr. dem Layout eingeklebt wird sowie Linien- und andere typograf. Elemente aufgetragen werden. In der Repro-(duktions)-Kamera wird dann ein Ganzseitennegativ hergestellt. - *Mechanical* oder *Grid Sheet*
Morgenzeitung	*AM*
Nachmittagszeitung	*PM*
Namenszeile	Steht zwischen Überschrift und Text. - *By-Line* (»by...«)

Negativsatz Weißes (Schrift-)Bild auf schwarzem oder dunklem Hintergrund. - *Drop Out* (nur bei Schrift), *Reverse* (bei Illustrationen / Fotos)

Oberlänge Der Teil des Buchstabens oberhalb der Vokalhöhe. - *Ascender*

Offset Druckverfahren. - *Offset Lithography*

Ortskraft Mitarbeiter eines Korrespondenten, im Ausland meist ein Einheimischer, der nicht fest angestellt ist. - *Stringer*

Pagina Vgl. Seitenzahl.

Papierbahn Das Papier, das von der Rolle durch die Druckmaschine läuft. - *Web*

Papierrolle Beim Rotationsdruck und anderen Rollendruckverfahren werden keine Bögen verwendet, sondern das Papier wird von einer Rolle gespeist. - *Web*

Passermarke Markierung beim Einpassen. - *Registration Mark*

Pauschale Regelmäßige Honorierung eines freien Mitarbeiters. - *Retainer*

Plattenbelichtung Licht trifft durch das Ganzseitennegativ auf die chemisch präparierte Offset-Druckplatte und härtet dort die wiederzugebenden Partien. - *Burn*

Plazierte Anzeige Auf Wunsch des Kunden, und meist höher bezahlt, an bestimmte Position auf der Seite gestellte Anzeige. - *Special Position*

Porträtfoto *Mug Shot,* wenn halbspaltig *Pork-chop oder Thumbnail*

Probelayout Vgl. Blindlayout. - *Dummy*

Produktionsplan Bei Zeitschriften der Ablaufplan der Produktionsphasen mit Enddaten. - *Schedule*

Punzen	Die (teilweise) eingeschlossene, nichtdruk- kende Fläche beim Schriftbild einer Letter. - *Counter*
Qualitätszeitung	*Heavy*
Querformat	*Horizontal Look*

Rakel(messer)	Instrument zum Abstreifen der Druckfarbe beim Tiefdruck. - *Doctor Blade*
Rauhsatz	Vgl. Zeilenfall. - *Ragged*
Raum	Der Buchstabenabstand im Satz. - *Letter-space*
Rechenscheibe	Hilfsmittel des Redakteurs zum Berechnen von Fotos (Proportionen und Dimensionen). - *Proportional Wheel*
Redakteur	*Editor*
Redigieren	Bearbeitung von (Fremd-)Text als Satzvor- bereitung. - *Copy Editing* oder *Copyreading*
Reglette	Nicht druckendes Füllmaterial zur Erhöhung des Durchschusses. - *Slug* oder *Leads* oder *Space*
Repro(duktions)- Kamera	*Process Camera*
Rollendruck	Das Papier für die Druckmaschine wird von einer Papierrolle gespeist. - *Reel-fed*
Rotations- maschine	*Rotary Press*
Rückseite	Vgl. Umschlag. - *Back Cover*
»Rückwärtsleser«	Ein Leser, der die Lektüre bzw. das Durch- blättern hinten beginnt. Zeitschriften richten für ihn oftmals ein *back opening* ein. - *»Back-ward« Reader*
Rundgotisch	Schriftgruppe. - *Rotunda*
Rundstereo	Im Hochdruck der Druckformträger, der auf die Zylinder der Rotationsmaschine ge-

	spannt wird. - *Stereotype*
Satz	(techn.). - *Composition* oder *Setting*
Satzspiegel	Die bedruckte festgelegte Fläche auf der Seite. - *Live Area*
Satzvorlage	Das zu setzende (Text-)Material, meist als (redigiertes) Manuskript. - *Copy*
Schaugröße	Schriftgrade bei Überschriften, Buchtiteln, Plakaten (bei uns ab 14 Punkt). - *Display Face* oder *Display Type* (ab 18 points)
Schenkel	Ein dreispaltiger Artikel z.B. hat drei Schenkel. - *Leg*
Schlagzeile	*Banner* oder *Flag*
Schließrahmen	Vorrichtung, in die beim Hochdruck das gesetzte Material, die Klischees usw. eingestellt werden. - *Chase;* das Schließen des Rahmens heißt *Put to bed*
Schließsteg	Nicht druckendes Materialstück zum Schließen der Form in einem Schließrahmen. - *Side-stick*
Schmalsatz	Vgl. Schriftschnitt. - *Condensed Type*
Schmuck	Vgl. Zierat
Schnittmischung	Verwendung verschiedener Schriftschnitte einer Schrift in einem Text. - *Marriage* (besonders, wenn gelungen)
Schreibschriften	Schriftgruppe. - *Scripts*
Schriftbild	Die gedruckte Wiedergabe einer Letter (Buchstabe, Zahl, Satzzeichen usw.). - *Character* oder *Type(-)face*
Schriftfamilie	Das Ensemble aller Schriftschnitte einer Schrift(-art). - *Type Family*
Schriftgarnitur	Sämtliche Größen einer Schrift vom kleinsten zum größten Schriftgrad. - *Complete Fount*
Schriftgrad	Die Größe der Schrift, gemessen im typografischen Maßsystem oder in mm. - *Type Size*

Schriftgröße — *Body Size*

Schriftguss — Das Ensemble aller Buchstaben, Satz- und Sonderzeichen einer Schrift im Normalschnitt. - *Fount*

Schrifthöhe — Abmessung der Standhöhe der Letter vom Fuß zum Schriftbild, bei uns gemeinhin 23,566 mm (62 2/3 Punkt). - *Type Height* oder *Height to Paper* (0,918 Inches)

Schriftkasten — *Frame*

Schriftlinie — (Imaginäre) Linie, auf der eine Zeile steht. - *Baseline* oder *Mean Line*

Schriftschnitt — Neben der unterschiedlichen Größe kann die Schrift auch in verschiedenen Schnitten wie mager oder fett (nach dem Duktus) bzw. schmal, kursiv oder breit (nach dem Buchstabenbild) auf treten. - *Typeface*

Schriftskizze — Maßstabgerechte Skizzierung einer (Über-) Schrift im Entwurfsstadium eines Layouts. - *Comp Lettering*

Schusterjunge — Die erste Zeile eines Absatzes als letzte Zeile einer Spalte. - *Orphan*

Schwereloser Satz — Photo-, Licht- und Composersatz. - *Cold Type*

Schwerer Satz — Bleisatz. - *Hot Type*

Seitenaufriss — Grobgestaltung der Seite auf dem Spiegel- oder Layoutbogen. - *Rough*, verkleinert auch *Thumbnail* oder *Half-stick*

Seitenschiff — Metallplatte, auf der die Elemente einer Seite beim Hochdruck zusammengestellt werden. - *Stone* (da früher aus Marmor, vgl. auch *Stonehand* für den Metteur)

Seitenspiegel — Das exakte Layout für die Mettage oder Montage auf Layout- oder Spiegelbögen. - *Comprehensive* (US), *Make-up* (GB)

Seitenzahl — Auch Pagina. - *Folio*

Serifenbetonte Linear-Antiqua Schriftgruppe. - *Slab Serifs*

Serifenlose Linear-Antiqua (Groteske) Schriftgruppe. - *Lineales (Grotesque)*

Serifenschrift Schriften mit Anstrichen (Serifen). - *Roman*

Setzer *Comp(ositor)*

Setzerei (In einem Zeitungshaus) - *Case Department* oder *Case-Room*

Setzfehler *Literal* oder *Typo*

Setzkasten Siehe Schriftkasten

Setzmaschine *Line Caster*

Spalte In Höhe und Breite (meist) einheitliche vertikale Sektionen der Seite. - *Column*

Spaltenbreite *Measure*

Spaltenbreitenwechsel Ein Umbruchprinzip, bei dem die Breite der Spalten innerhalb des Satzspiegels wechselt. - *Arbitrary Column*

Spalten(trenn)-linie Linie im Zwischenschlag zur optischen Trennung der Spalten. - *Column Rule* oder *Downrule*

Spaltensatz Der Text wird gemäß der gelayouteten Plazierung gesetzt, z.B. dreispaltig, und nicht als Kolumne. - *Area Composition*

Spatie(nkeil) Nichtdruckendes konisches Materialstück im Hand- und Maschinensatz zum Ausbringen der Zeile. - *Quoin*

Sperrfrist Terminangabe, vor der bereits vorliegendes oder bekanntes Material nicht veröffentlicht werden darf. Dieses Material heißt *Release copy*

Spitzmarke (1) Zeile zur Identifikation eines Textes. - *Catchline* oder *Slug*
(2) Die Kurzmeldung selbst. - *Brief* oder

	Squib
	(3) Anlauf einer Kurzmeldung. - *Lead-in* oder *Lede*
	(4) Stichwortartige Überschrift, ähnlich dem Lauftitel. - *Guideline*
Steg	Der nicht bedruckte Streifen zwischen Satzspiegel und Papierkante. - *Border* oder *Frame* oder *Margin*, oben auch *Sink* (Kopfsteg)
Stehsatz	Gesetztes Material, das auf seine Verwendung wartet. - *Standing Type,* auch *CGO* (US, can go over)
Stereo	Siehe Rundstereo
Stereotyp	Phrase, abgenutzter Ausdruck. - *Bromide*
*-Zeichen	*Asterisk*
»Stop-Press«-Kasten	Feld für letzte Nachrichten bei / nach Andruck. - *Fudge*
Streuverlust	Der Teil der Leserschaft, der von einer Anzeige nicht erreicht / angesprochen wird. - *Waste Circulation*
Strichzeichnung / -vorlage	Illustration, die nur aus Strichen besteht (schwarz-weiß) und keine Graustufen hat. - *Line Illustration;* das Klischee davon heißt *Line Block*
Telefon	*Blower* (Slang)
Terminbuch	Übersicht über anstehende Termine und Ereignisse für eine Redaktion / ein Ressort, in die meist auch der Name des Wahrnehmenden eingetragen wird. - *Log*
Textkopie	Im Archiv. - *Alibi Copy*
»Ticker«	Das Fernschreibempfangsgerät in Redaktionen. - *Creed*

Tief(er)gestelltes
Zeichen   z.B. bei Formeln. - *Subscript*
Tiefdruck   Druckverfahren. - *Rotogravure* oder *Intaglio*
Tiefdruckzylinder   *Engraved Cylinder*
Titelseite / -blatt   Vgl. Umschlag. - *Front Page*
Tiegel   Teil einer (antiquierten) Maschine im Buch- / Hochdruck. - *Platen*
Tiegeldruck   *Platen-printing*
Titelzug   Name der Publikation auf der Titelseite. - *Masthead* oder *Flag* (bei Zeitungen), *Nameplate* (meist bei Zeitschriften),
Tortendiagramm   Diagramm zur vergleichenden Darstellung von Zahlenwerten. - *Pie Chart*
TTS   Tele-Type Setting: Fernsatzgerät mit sendender *(Transmitter)* und empfangender *(Printer)* Einheit
Typometer   Arbeitsgerät des Redakteurs zur Ermittlung der Zeilenzahl eines Textes oder Manuskriptes bzw. desbenötigten Raumes einer bekannten Zeilenmenge im Layout. - *Line Counter*
Typosignal   Auch Elementare Fläche oder Hamburger Baustein: Typograf. Figuren wie Kreise, Dreiecke, Rechtecke zur Markierung eines Anlaufs oder einer Aufzählung. - *Bullet* oder *Blob*

Übersatz   (1) Zu viel gesetztes Material, das nicht verwendet und als Stehsatz abgelegt wird. - *Overmatter* oder *Overset* oder *Dead*
(2) Gesetzter Text, der sich bei Mettage / Montage als zu umfangreich erweist. - *Overset*
Überschrift   *Head(line)*; wird sie, wie bei uns nicht üblich,

	oben, rechts und links mit einer Linie einge-faßt, *Curtain*
Umlauf	Fortsetzung eines Artikels auf einer der folgenden Seiten. - *Jump* oder *Turn*
Umschlag	Deckblatt einer Zeitschrift, meist aus speziellem Papier. - *Cover* (mit *Front Page, Inside Front, InsideBack* und *Back Cover*)
&-Zeichen	*Ampersand*
Unterlänge	Der Teil des Buchstabens unterhalb der Schriftlinie. - *Descender*
Unterschneiden	Bearbeiten von zwei Lettern zur Verringerung des Raumes. - *Kerning*
Unterstreichung	(Von Text). - *Underscore*
Verlaufsraster	Gerasterte Folie mit unterschiedlicher Zahl von Rasterpunkten pro cm^2, durch die in der Repro-Kamera das Licht fällt, um aus Halbtonvorlagen Klischees oder Lithos zum Druck anzufertigen. - *Screen* (für Zeitungen meist 55 bis 65 Rasterpunkte pro Quadratinch)
Verleger	*Publisher*
Venezianische Renaissance-Antiqua	Schriftgruppe. - *Venetian Humanist*
Vermengen	Von Nachricht und Kommentar. - *Editorialize*
Verzierung	Vor allem von Initialen. - *Gingerbread*
Versalie	Großbuchstabe. - *Cap* (von Capital Letter) oder *Upper Case*
Vokalhöhe	Linie auf der Oberkante der Vokale und Kleinbuchstaben wie o, m, x; darüber stehen die Oberlängen. - *Mean-Line*
Vorspann	Typografisch ausgezeichneter Beginn eines Artikels. - »*A Matter*« oder *Lead* (GB), *Lead-*

-in (US), *Lede* (im Jargon)

Waschzettel   Werbe- oder PR-Text , auch z.B. vom Verlag
vorgefertigte Buchrezension. - *Handout* oder
Canned Copy

Wechselseite   Seite, die nicht in der Gesamtauflage »mit-
läuft«, sondern regional oder zu besonderen
Anlässen ausgetauscht wird. - *Slip*

Winkeleisen   Arbeitsgerät im Handsatz. - *(Composing)
Stick*

Wortpause   Der Abstand zwischen zwei Wörtern. -
Wordspace

Zeile   *Line* (dagegen: Linie = *Rule*)

Zeilenbreite   *Measure*

Zeilenfall   Erscheinungsbild der gesetzten Zeilen mit
gleicher oder unterschiedlicher Breite. -
Alignment oder *Justification*

Zeilenhonorar   *Lineage*

Zeilenmaß   Arbeitsinstrument des Typografen, ähnlich
dem Typometer des Redakteurs. - *Line
Gauge*

Zeilenschiff   In dieses werden beim Hochdruck die Kolumnen zum Korrekturabzug gestellt und zur
Mettage transportiert. - *Galley* oder *Ran-
dom*

Zeilenzähler   Vgl. Typometer

**Zeitungsaus-
schnitt**   *Clipping* (US), *Cutting* (GB)

Zeitungsformat   Unterschieden wird im englischsprachigen
Raum i.d.R. nach *Broadsheet* (ca. 23 x 16
Inches) und *Tabloid* (ca. 16 x 12 Inches)

Zeitungspapier   *Newsprint*

Zierat　　　　Auch Schmuck, den Typosignalen (vgl. dort) ähnlich: Typograf. Elemente wie Sternchen, Kreuze, »Zeigefinger«, Rosetten u.v.m., die einzeln und als Reihenornamente oder Zierleisten Verwendung finden. - *Dingbat(s)* oder *Bug* (GB)

Zifferblatt-
Umbruch　　　Umbruchprinzip, bei dem die Seite mit einem Gestaltungsraster versehen wird, das ähnlich dem Zifferblatt einer Uhr unterteilt ist. - *Clock-Grid System*

Zierinitiale　　Vgl. Initiale. - *Decorative Initial* oder *Illuminated Initial*

Zweiseitendruck Druckverfahren, bei dem die beiden Seiten der Papierbahn oder des Papierbogens gleichzeitig bedruckt werden. - *Perfecting*

Zwischenschlag Der nicht bedruckte Raum zwischen den Spalten. - *Alley;* ist keine Spaltenlinie vorhanden, spricht man vom *Open Format*

Zwischentitel　*Subhead* oder *Blurb*

Register

Um das Register nicht zu überfrachten, wurde darauf verzichtet, jede Fundstelle eines Stichwortes aufzuführen. Es wird daher nur auf die Seiten verwiesen, auf denen die Stichwörter erklärt werden oder in einem erläuternden Zusammenhang stehen. Ergänzend ist natürlich das Inhaltsverzeichnis. Zur Kurzdefinition vieler Stichwörter sei zudem auf das Glossar verwiesen.

Register

Register

Literatur

Im Buch verwendete oder empfohlene Literatur auf einen Blick:

Dorn, Raymond: How to Design and Improve Magazine Layouts, Chicago 1986[2]
Dovifat, Emil / Jürgen Wilke: Zeitungslehre II, Berlin/New York 1976
Dußler, Sepp / Fritz Kolling: Moderne Satzherstellung, Itzehoe 1985
Evans, Harold: Editing and Design: Book 3: News Headlines, London 1974
ders.: Editing and Design, Book 4: Picture Editing, London 1976[2], repr. 1982
ders.: Editing and Design, Book 5: Newspaper Design, London 1976[2] repr. 1982
Forssman, Friedrich / de Jong, Ralf: Detailtypografie. Nachschlagewerk für alle Fragen
      zu Schrift und Satz, Mainz 2004[2]
Gewerkschaft Druck und Papier (Hg.): Satztechnik und Typografie, Band 1–5,
      Bern 1998–2001
Günder, Gabriele: Desktop De?!gn, Kiel 1988
Herrmann, Ralf: Zeichen setzen. Satzwissen und Typoregeln für Textgestalter, Bonn 2005
Hurlburt, Allen: Layout: The design and the printed page, London 1989[2]
ders.: The grid, London 1982
http://www.snd.org
http://www.newspaperaward.com/
Khazaeli, Cyrus D.: Crashkurs Typo und Layout. Vom Zeilenfall zum Screendesign,
      Reinbek 2005[3]
La Roche, Walther von: Einführung in den praktischen Journalismus. Mit genauer
      Beschreibung aller Ausbildungswege (Journalistische Praxis), Berlin 2006[17]
Luidl, Philipp: Desktop-Knigge, München 1988
Mast, Claudia (Hrsg.): ABC des Journalismus, München 2004[10]
Nilitschka, Karl: Papier. Satz. Reproduktion. Druck. Ausrüsten, Stuttgart 1990[2]
Pawletko, Petra: Layouten, München 1992
Perfect, Christopher: The Complete Typography. A Manual for Designing With Type,
      London 1992
Sachsse, Rolf: Bildjournalismus heute (Journalistische Praxis), München 2003
Schneider, Wolf / Detlef Esslinger: Die Überschrift. Sachzwänge – Fallstricke – Versuchungen
      – Rezepte (Journalistische Praxis), München 2007[3]
Stiebner, Erhard D.: Bruckmanns` Handbuch der Drucktechnik, München 1993[4]
Stiebner, Eberhard D. / Helmut Huber: Schriften + Zeichen. Ein Schriftmusterbuch,
      München 1993[4]
Tschichold, Jan: Schriften 1925–1974, 2 Bände, Berlin 1992
Turtschi, Ralf: Praktische Typografie. Gestalten mit dem Personal Computer,
      Sulgen (CH) 1995[2]
White, Jan V.: Designing for magazines, New York/London 1982[2]
Willberg, Hans Peter / Forssman, Friedrich: Lesetypo, Mainz 2005[2]
Wolf, Hans-Jürgen: Geschichte der Druckverfahren, Elchingen 2 o.J. (1992)
Wolff, Volker: ABC des Zeitungs- und Zeitschriftenjournalismus, Konstanz 2006

Journalistische Praxis

Wolf Schneider/Detlef Esslinger

Die Überschrift

Sachzwänge – Fallstricke – Versuchungen – Rezepte

178 Seiten, Klappenbroschur

Die Überschrift ist die Nachricht über der Nachricht.

Nirgendwo sonst im Journalismus drängen sich so viele Fragen in so wenigen Wörtern zusammen: Was eigentlich ist die Kernaussage des Beitrags? Wie lässt sie sich in 30 oder 40 Anschläge fassen, sprachlich sauber und bei alldem auch noch interessant?

»Die Überschrift« gibt präzise Antworten; illustriert mit einer verblüffenden Fülle von Beispielen für gute und schlechte, peinliche und brillante Überschriften

Die Kapitel:
Vom Handwerk des Übertreibens
Die Aussage der Überschrift
Die Sprache der Überschrift
Der Presserat und die Überschrift
Die Einteilung der Überschrift
Die Zukunft der Schlagzeile

Mehr zum Buch und Thema: www.journalistische-praxis.de

Econ

Journalistische Praxis

Rolf Sachsse

Bildjournalismus heute

Beruf, Ausbildung, Praxis

304 Seiten, Broschur

Bildjournalismus beginnt vor dem Fotografieren: Wie kommt man an Aufträge? Was muss vor dem Fototermin vereinbart worden sein? Welche Ausrüstung brauche ich?
Die Abläufe im Bildjournalismus haben sich beschleunigt. Wie verändert die Digitalisierung die Arbeitsschritte von der Aufnahme über die Bildbearbeitung und -übermittlung bis hin zur Bildarchivierung?

Die Kapitel: Der Beruf – Die Ausbildungswege – Das Bild – Der Text – Die Technik – Der Computer – Das Geschäft – Das Recht – Das Netzwerk – Die Vorbilder – Anhang: Musterverträge und Allgemeine Geschäftsbedingungen für Bildjournalisten

Mehr zum Buch und Thema: www.journalistische-praxis.de

Econ

Journalistische Praxis

Dietz Schwiesau, Josef Ohler

Die Nachricht

**in Presse, Radio, Fernsehen,
Nachrichtenagentur und Internet**

Ein Handbuch für Ausbildung und Praxis

317 Seiten, Broschur

Jeder Journalist muss Nachrichten schreiben können.
Deshalb lernt jeder angehende Journalist zuerst, was eine
Nachricht ist. Wer Nachrichten schreiben kann, beherrscht die
Grundlagen des Journalisten-Handwerks.

Das Handbuch »Die Nachricht« vermittelt diese Grundlagen
systematisch, ausführlich und praxisnah. Es ist das erste,
das anschließend in eigenen Kapiteln die Besonderheiten
der Nachricht in den verschiedenen Medien behandelt:
von Presse bis Internet.

Aus dem Inhalt:
Nachrichtenbegriff – Nachrichtenauswahl – Nachrichtenaufbau –
Nachrichtenproduktion – Nachrichtensprache –
Nachrichtenrecht – Agenturnachrichten – Pressenachrichten –
Radionachrichten – Fernsehnachrichten –
Internet-Nachrichten – Wie werde ich Nachrichtenjournalist? –
Geschichten aus der Nachrichtengeschichte

Mehr zum Buch und Thema: www.journalistische-praxis.de

Econ

Journalistische Praxis

Walther von La Roche

Einführung in den praktischen Journalismus

**Mit genauer Beschreibung aller Ausbildungswege
Deutschland, Österreich, Schweiz**

310 Seiten, Broschur

Wie wird man heute Journalist? Wo und in welchen
Funktionen arbeiten Journalisten?
Wo kann man Journalismus lernen? Wie findet man Kontakt
zu einer Redaktion?
Wie recherchiert man eine Story? Worin unterscheiden
sich Nachricht und Bericht, Reportage und Feature,
worin Kommentar, Glosse und Rezension?

Auf diese Fragen gibt das Buch erprobte und bewährte
Antworten, aber auch Auskünfte über den aktuellen Stand
journalistischer Arbeitstechniken. Es will den Leser mit den
Grundlagen journalistischer Arbeit vertraut machen,
die allen Medien gemeinsam sind.

La Roche beschreibt ausführlich das Netz der Ausbildungswege, das vor allem durch neue Angebote von Universitäten
und Fachhochschulen immer dichter wird.

Von den Webseiten zu diesem Buch kann man direkt per Link
über die Ausbildungswege surfen, findet neue Aktualisierungen
und über das Buch hinausgehende Zusatzinformationen.

Mehr zum Buch und Thema: www.journalistische-praxis.de

Econ

Journalistische Praxis

Gabriele Hooffacker

Online-Journalismus

Schreiben und Gestalten für das Internet

Ein Handbuch für Ausbildung und Praxis

254 Seiten, Broschur

Online-Journalismus ist als eigener Bereich neben Presse-,
Radio- und Fernsehjournalismus getreten.

Wie wird man Online-Journalist?
Wo arbeiten Online-Journalisten? Was müssen sie beherrschen:
an journalistischem Handwerk, an Online-Technik,
an Online-Recht? Wie schreibt und konzipiert man für
Online-Magazine? Wie organisiert man eine Community?
Wer liefert den Content?

Das Handbuch enthält pragmatische Definitionen und einen
Überblick über das gesamte Tätigkeitsgebiet, die Stilformen
und Formate des Mediums, das Berufsbild und
die Arbeitsfelder des Online-Journalisten.

Mehr zum Buch und Thema: www.onlinejournalismus.org

Econ

Journalistische Praxis

Ele Schöfthaler
Die Recherche
Ein Handbuch für Ausbildung und Praxis
256 Seiten, Broschur

Erfolgreich recherchieren lernen, um mehr Erfolg zu haben im Journalismus: »Die Recherche« ist das erste journalistische Lehrbuch, das Methoden der klassischen und der Online-Recherche kombiniert vermittelt.

Wie weit dürfen Journalisten gehen bei der Recherche? Wie lästig dürfen sie sein? Was leistet das Internet, wo liegen seine Grenzen? Wie werden Informanten geschützt?

Ele Schöfthaler gibt Antworten aus der praktischen Recherchearbeit auf Fragen aus dem journalistischen Alltag; Gabriele Hooffacker hat das Buch, dessen Vorläufer »Recherche praktisch« erstmals 1997 erschienen ist, um Tipps zur Online-Recherche erweitert.

Aus dem Inhalt:
Themen nebenbei entdecken – Knigge für Journalisten – Vorab-Recherche online – Quellen prüfen – Einen Recherche-plan aufstellen – Vertiefte Recherche online – Fragen, bluffen und mit Rollen spielen – Perlen finden im unsichtbaren Netz.

Von den Webseiten zu diesem Buch kann man direkt per Link durch die Suchmaschinen, Datenbanken und Archive surfen (www.journalistische-praxis.de, Service-Seiten zu »Die Recherche«).

Econ

Journalistische Praxis

Lutz Frühbrodt

Wirtschaftsjournalismus
Ein Handbuch für Ausbildung und Praxis

259 Seiten, Klappenbroschur

Beruf Wirtschaftsjournalist
Berufsverständnis – Berufsfelder – Ausbildungswege

Arbeitsfelder
Die Bilanz-Pressekonferenz – Die Hauptversammlung –
Der Tag an der Börse – Der Messebericht

Recherchemittel und -wege –
Rechtliche und ethische Normen –
Geschenke, Reisen, Jobs: Die Versuchungen der PR –
Mitspieler – Gegenspieler? Die Informanten des Wirtschafts-
journalisten

Typische Darstellungsformen:
Die Sprache des Wirtschaftsjournalismus – Bericht und
News Analysis – Kommentar – Magazin/Feature – Reportage –
Verbrauchertest – Aktiencheck und Anlagetipp – Interview –
Unternehmensporträt und Branchenanalyse –
Unternehmerporträt – Die Exklusivgeschichte

Medien des Wirtschaftsjournalismus in Deutschland im
Überblick

Mehr zum Buch und Thema: www.journalistische-praxis.de

Econ

Journalistische Praxis

Stephan Detjen

Redaktionshandbuch Justiz

Gerichte, Verfahren, Anwaltschaft

Zum Nachschlagen und Nachdrucken

248 Seiten, Broschur

Für Journalisten in allen Redaktionen ist das Redaktions-
handbuch Justiz als Arbeitsmittel und (honorarfreie)
Abdruckquelle gedacht.

Es beschreibt – alphabetisch in rund 400 Stichwörter
geordnet –, wie Gerichte, vom Amtsgericht bis hin zu
europäischen und internationalen Gerichtshöfen, aufgebaut
sind und arbeiten. Es erklärt, welche Regeln für Prozesse
und andere Verfahren gelten, und wer an ihnen
mitwirkt.

Die Stichwörter reichen von »Abänderungsklage« und
»Bundesarbeitsgericht« bis »Wahlverteidiger« und
»Zwangsvollstreckung«.

Econ

Journalistische Praxis

Winfried Göpfert (Hrsg.)

Wissenschaftsjournalismus
Ein Handbuch für Ausbildung und Praxis

309 Seiten, Broschur

Wie recherchiert man in der Wissenschaft? Wie ist eine Wissenschaftsreportage aufgebaut? Wie funktioniert Wissenschaftsjournalismus im Radio, im Fernsehen? Winfried Göpfert zeigt Wege in den Wissenschafts-Journalismus auf.

Das Handbuch enthält Werkstattberichte aus allen Medien: Ranga Yogeshwar (Moderator von *W wie Wissen*) erzählt, was er von den modernen Wissens-Magazinen hält. Patrick Illinger (*Süddeutsche Zeitung*) gibt Einblicke in die Recherche-Praxis, Astrid Dähn (*Technology Review*) verrät, wie man eine Geschichte baut, Volker Lange (Online-Magazin *Morgenwelt*) erläutert, wie Wissenschaft im Netz präsentiert werden kann. Journalisten aus den wichtigsten Redaktionen beschreiben das Verhältnis von Wissenschafts-PR und Medien und geben Tipps und Ratschläge.

Die Webseiten zu diesem Buch informieren über das Thema und liefern umfangreiche Links zur Wissenschafts-Recherche online (www.journalistische-praxis.de/jpwiss.htm, www.wissenschaftsjournalismus.de).

Econ

Journalistische Praxis

Norbert Linke

Radio-Lexikon

1200 Stichwörter von A-cappella-Jingle bis Zwischenband

166 Seiten, Broschur

Das Radio-Lexikon schafft Durchblick im Begriffs-Kauderwelsch. Es erklärt die Stichwörter knapp und präzise und bietet durch Querverweise vertiefende Information.

Die Begriffe stammen aus allen Bereichen der Radioarbeit: Programm – Redaktion – Moderation und Sprechlehre – Technik und Produktion – Marketing – Recht und Rundfunkpolitik.

Praktiker aus allen Sparten finden Antwort – alte Radio-Hasen ebenso wie Radio-Novizen.

Econ

Journalistische Praxis

Walther von La Roche/Axel Buchholz (Hrsg.)

Radio-Journalismus

Ein Handbuch für Ausbildung und Praxis im Hörfunk

479 Seiten, Broschur

Sprache und Sprechen: Fürs Hören schreiben –
Das Manuskript sprechen – Frei sprechen – Moderation

Beiträge: Umfrage – Aufsager – O-Ton-Bericht – Mini-Feature –
O-Ton-Collage – Comedy und Comics – Interview – Reportage

Sendungen: Nachrichten – Magazin – Feature –
Dokumentation – Diskussion – Radio-Spiele – Radio-Aktionen

Programme: Formate für Begleitprogramme –
Formate für Einschaltprogramme – Aircheck –
Verpackungselemente – Radio und Internet

Produktion und Technik: Mit Mikrofon und Recorder richtig
aufnehmen – Schneiden – An der Workstation produzieren –
Sendung fahren

Beim Radio arbeiten: Die Radio-Landschaft – Der Sender,
die Jobs – Fest oder frei

Aus- und Fortbildung: Ausbildung in der ARD und beim
Privatfunk – Auf Hospitanz und Praktikum vorbereiten –
Radio-Kurse – Ausbildung in Österreich
und der Schweiz

Mehr zum Buch und Thema: www.journalistische-praxis.de

Econ

Journalistische Praxis

Syd Field, Andreas Meyer,
Gunther Witte, Gebhard Henke u.a.

Drehbuchschreiben
für Fernsehen und Film

Ein Handbuch für Ausbildung und Praxis

244 Seiten, Broschur

Syd Field
Das Drehbuch – Der Stoff – Die Figuren – Wie man eine Figur
entwickelt – Schlüsse und Anfänge – Die Szene –
Die Sequenz – Der Plot Point – Die Form des Drehbuchs

Aus dem weiteren Inhalt:

Tipps für Anfänger – Übungen für Anfänger –
Die Fernsehserie – Die Daily Soap –
Schreiben für die Öffentlich-Rechtlichen –
Schreiben für die Privaten – Das deutsche Kino –
Der Autor am Computer –
Aus- und Fortbildung für Drehbuchautoren

Mehr zum Buch: www.journalistische-praxis.de

Econ

Journalistische Praxis

Gerhard Schult/Axel Buchholz (Hrsg.)

Fernseh-Journalismus

Ein Handbuch für Ausbildung und Praxis

489 Seiten, Broschur

»Fernseh-Journalismus« ist das Lehrbuch für die FS-Praxis. Den (zukünftigen) Machern im Medium ist es ein wichtiger Begleiter, immer wieder aktualisiert seit 25 Jahren. Auch die von Axel Buchholz vollständig neu überarbeitete 7. Auflage erfüllt diesen Anspruch.

Der immer bedeutsamer werdenden Arbeit der Video-Journalisten (VJs) widmet die Neuauflage ein ausführliches Kapitel. Ebenso berücksichtigt das Buch, dass moderne journalistische Fernseh-Arbeit heute digitale Produktion bedeutet.

Erfahrene Praktiker und Ausbilder, darunter Amelie Fried, Peter Kloeppel, Sandra Maischberger, Jörg Schönenborn und Anne Will, helfen dabei, schnell in die (digitale) Fernsehpraxis hineinzufinden, sich dort zu bewähren oder zu verbessern.

Von der Planung über den Dreh bis zum Schnitt lehrt »Fernseh-Journalismus« das Konzipieren und Umsetzen von Fernseh-Beiträgen. Das Internet-Angebot »Online plus« ergänzt das Buch durch zusätzliche Aufsätze, Beispiele und Übungen, zusammen mit weiteren Website-Informationen.

Webadresse: www.journalistische-praxis.de/fern

Econ

Journalistische Praxis

Martin Wagner

Auslandskorrespondent/in

für Presse, Radio, Fernsehen und Nachrichtenagenturen

197 Seiten, Broschur

Auslandskorrespondent/in: Traumberuf für viele Journalistinnen und Journalisten. Welche Wege führen zu einem Arbeitsplatz im Ausland und was wird von Auslandskorrespondenten verlangt? Wie knüpfe ich Kontakte vor Ort?

In »Auslandskorrespondent/in« werden der Wandel dieses klassischen Tätigkeitsbereichs in einer veränderten Medienlandschaft, die Recherche im Berichtsgebiet sowie die neuen Übermittlungstechniken beschrieben. Dazu kommen viele praktische Tipps: vom Umzug über die Visa-Beschaffung bis hin zu Steuer- und Versicherungsfragen.

Eigene Webseiten mit einschlägigen Namen und Adressen sowie technischen Hinweisen ergänzen den Buchtext zu einem stets aktuellen Handbuch.

Mehr zum Buch und Thema: www.journalistische-praxis.de

Econ

Journalistische Praxis

Michael Rossié

Frei sprechen

in Radio, Fernsehen und vor Publikum
Ein Training für Moderatoren und Redner

248 Seiten, Broschur

Vor Mikrofon, Kamera und der Gruppe frei zu sprechen:
Dieses Buch zeigt, wie es geht.

Es ist ein Trainingsprogramm für Moderatoren in Radio und
Fernsehen, für Pressesprecher und Politiker, Referenten,
Professoren, Lehrer, Studenten, Manager, Verkäufer oder
Vereinsvorsitzende – für jeden, der öffentlich spricht.

Frei sprechen im Sinne dieses Buchs bedeutet, die Sätze erst
im Augenblick der Rede zu formen, damit sie authentischer,
glaubhafter und fesselnder werden.
Reden als spontane Kommunikation.

»Dies ist«, so Michael Rossié, »kein Buch über das Manipulieren
oder Sich-durchschlagen, sondern übers Ehrlich-sein, ohne
dabei sein Ziel aus den Augen zu verlieren.«

Die beiliegende CD illustriert die Übungen anhand von guten
und schlechten Beispielen aus der Praxis, die der Autor für das
Buch eingesprochen hat.

Mehr zum Buch und Thema: www.journalistische-praxis.de

Econ